U0369482

执行力

青少年战胜 拖延低效 的行动计划

[美] 莎伦·A.汉森（Sharon A. Hansen）著

余晖 译

机械工业出版社
CHINA MACHINE PRESS

Executive Functioning Workbook for Teens: Help for Unprepared, Late, and Scattered Teens by Sharon A. Hansen / ISBN: 9781608826568

Copyright: © 2013 by Sharon A. Hansen

This edition arranged with New Harbinger Publications through Big Apple Agency, Inc., Labuan, Malaysia.

Simplified Chinese edition copyright:

2018 China Machine Press

All right reserved.

本书由 New Harbinger Publications 授权机械工业出版社在中华人民共和国境内（不包括香港、澳门特别行政区及台湾地区）出版与发行。未经许可的出口，视为违反著作权法，将受法律制裁。

北京市版权局著作权合同登记 图字：01-2017-8024 号。

图书在版编目（CIP）数据

执行力：青少年战胜拖延低效的行动计划／（美）莎伦·A. 汉森（Sharon A. Hansen）著；余晖译.—北京：机械工业出版社，2018.4（2021.10重印）

（青少年"优能力"成长手册）

书名原文：The Executive Functioning Workbook for Teens

ISBN 978-7-111-59272-3

Ⅰ.①执… Ⅱ.①莎…②余… Ⅲ.①成功心理-青少年读物 Ⅳ.①B848.4-49

中国版本图书馆 CIP 数据核字（2018）第 036496 号

机械工业出版社（北京市百万庄大街22号　邮政编码100037）

策划编辑：陈　伟　　　责任编辑：陈　伟
责任校对：潘　蕊　　　责任印制：张　博

三河市国英印务有限公司印刷

2021 年 10 月第 1 版·第 6 次印刷
145mm×210mm·5.125 印张·79 千字
标准书号：ISBN 978-7-111-59272-3
定价：49.80 元

电话服务　　　　　　　　　　网络服务

客服电话：010-88361066　　机　工　官　网：www.cmpbook.com
　　　　　010-88379833　　机　工　官　博：weibo.com/cmp1952
　　　　　010-68326294　　金　书　网：www.golden-book.com
封底无防伪标均为盗版　　　　机工教育服务网：www.cmpedu.com

胜任未来：以"优能力"助力青少年终身成长

如果要概括性地评价中国式的基础教育，有一个显而易见的核心现象，那就是包括学校教师、家长在内的绝大部分教育者，都相对擅长教给孩子知识，擅长教育出优秀的成绩，而在培养孩子优秀的终身学习能力、核心人格素养方面，就有点捉襟见肘了。

如果顺着一个因果逻辑——"教育理念—教育过程—教育结果"来看的话，我们会清晰地发现：因为教育者的教育理念以培养成绩好的孩子为核心目标，便有了以学业学习为主、追求学习成绩的教育过程，因而也产生了相应的教育结果，那就是培养出了一批在学习成绩上优秀甚至出类拔萃的孩子，而那些学习成绩不好的孩子则成为这种教育逻辑下的"残次品"。今天，我们开始越来越多地反思这种教育理念。我们越来越多地发现，一个拥有优秀学习品质和人格特质的孩子，会比一个躺在中考、高考成绩簿上的优等生在未来走得更远；我们越来越多地看到，优秀的学习品质和人格特质远比一时的学习成绩对孩子更加有益。

青少年阶段是人生的关键阶段之一，既面临成长的挑战，又充满了发展的契机。经历着身体发育高峰期的青少年在外形上与成人的差异迅速缩小，但事实上，他们的心理发展水平却远远没有成熟。在这个阶段，青少年会开始变得更加关注自己的外表，更加以自我为中心并构筑丰富的内心世界，更容易产生情绪波动甚至与父母、老师发生冲突，更加关注伙伴关系并且非常注重他人的评价，也更容易出现学习动机问题、产生厌学情绪……青少年正经历着自己从来没有经历过的东西，出现了更加多元的成长性需求。作为教育者，无论是父母的角色，还是教师的角色，如果仍然只把关注点聚焦在学习成绩上，而忽略了青少年其他方面的成长需求，就容易出现问题了。

前一段时间发生了一起某高三学生因为未能控制住爆发的情绪将班主任刺死的悲剧，我也专门就此事撰写了评论。这个案例虽然属于极端个案，但类似的事情其实并不少见。这类事件发生的根本原因就在于，完全以成绩为导向的教育行为，压抑了孩子其他方面的成长需求。教育者除了是知识的传授者，更应该是孩子成长的陪伴者，要倾听他们成长的声音，给他们更多自主的空间，让他们能够真正放飞自我，健康成长。成绩不是一切，成长却伴随终身，着眼孩子的一生，培养孩子的终身学习能力、人格素养，远比眼前的成绩重要！单纯的知识学习不能应对未来变化日新月异的社会，只有具备优秀的终身学习能力和人格素养，才能胜任未来！

我认为，拥有优秀的终身学习能力和人格素养的人，应该有一个完善的自我认知，拥有健康的自尊和自信，对未来乐观积极，能够很好地管理自己的情绪和行为，能够迎难而上去努力实现自己的目标。这样的人取得优异的成绩甚至卓越的成就，我相信只是时间早晚的问题。正是基于这样的理解，围绕发展青少年的终身学习能力和核心人格素养的目标，一套不错的图书产品——"青少年'优能力'成长手册"应运而生。我们这里提出的"优能力"，既有从字面上理解的"优秀能力"之意，也一定程度上体现了优能中学的品牌力。

这套由新东方优能中学和机械工业出版社联合打造的成长手册，由美国资深心理学家撰写，严格遵循心理学方法，讲究科学性，涵盖执行力、坚毅力、自信力、积极思维力、情绪自控力等影响孩子终身竞争力的核心主题。我们专门组织了一批有哈佛、北大、清华、北师大等国内外名校教育学、心理学学术背景的青年学者将其翻译成了中文。值得一提的是，这套书最大的特点就是它们全部是可付诸实践的，每本书都提供一个详尽的行动计划，实用性及操作性很强，非常适合青少年作为自我成长的行动计划来使用，也适合家长、教师作为参考书来阅读。

开卷有益，希望这套书能够为中国孩子们的终身发展尽绵薄之力！

新东方创始人、新东方教育科技集团董事长　俞敏洪

前　言

写给青少年

我们每个人都有着与众不同的大脑，就像我们的指纹一样独一无二。对于有些人，把各种事情记在脑子里从来难不倒他们；另一些人的头脑里则充满了新奇的点子；还有一些人，他们可以在脑海里把一切计划得井井有条。无论你的大脑是怎样的，它都是你身体上重要的一部分，我们需要学着跟自己的大脑和睦相处，而不是和它对抗。

在生活中，你会觉得身边其他同学比你理解能力更强吗？你是否会觉得同龄人看起来轻松、从容，可是自己有时候却思绪飘忽，似乎大脑不受自己控制似的？

有时，也许你会感到失落、困惑、不知所措、精神涣散。我们可以说，这些是长大成人的必经之路。但是，对于一些人来说，有这些感受也意味着缺乏执行力。

执行力（executive functioning）是一系列能力的统称，它包括自我认识能力、组织能力、时间管理能力、情绪控制、行为控制、灵活应变性、主动性、专注性、工作记忆、坚韧性。一个人可能会缺乏其中某一方面的能力，也可能在多个方面存在不足。缺乏执行力会有哪些表现呢？这也要分情况了。

如果一个同学缺乏组织能力，他的书本、抽屉可能经常乱成一团；如果有谁工作记忆能力薄弱，他可能会忘记自己有家庭作业这回事；还有的同学缺乏行为控制能力，那他可能会在安静的课堂上忽然说出话来。你有过这些熟悉的经历吗？如果有过，那这本书一定可以帮你的忙。

虽然你可以独立使用这本书，但我还是更希望你能在需要的时候，寻求身边熟悉的成年人来帮助你。这个人最好是你的父母，不过也不一定非要是他们，你也可以让你信任的老师或其他人来帮助你。书中有许多活动，如果你多加练习，相信你的能力也会有很大的提升。如果再有一位成年人提供帮助，你将获得更多宝贵的指导。

我们每一个人，都希望有能力管理好自己的生活，做出适当的决定，让自己的未来更加光明。我希望，这本书里的活动能够真正帮助你实现心愿，获得理想的未来。

祝你好运！

写给家长

当我的儿子克里斯出生时，我在脑海里想象着他将会成为一个聪明、有礼貌的好学生。现在克里斯已经上了高中，他确实挺聪明，平时也能做到举止有礼。但是有时他的成绩并不是很理想。

从开始上学起，克里斯就经常难以完成家庭作业，放学时还会忘记把东西带回家，对上学也没有兴趣。在他五年级时，一项神经心理学的测试显示他的组织能力、反应速度、工作记忆都比较欠缺——这些能力都是执行力的组成部分。

执行力包括一系列具体的能力，它们都有助于我们更好地组织计划，掌控生活，顺利完成各项事务。青少年如果执行力不足，就会在开始一项任务、坚持付出努力和完成任务的整个过程中遇到困难。

克里斯其实和同龄的孩子一样聪明，只是他大脑工作的方式和那些成绩好的孩子不一样。就像有的人高、有的人矮一样，有的人也会具备比别人更强的执行力。有些任务需要孩子具有良好的执行力，如果你的孩子做这些事情有困难，他也并不是"不正常"，只是和别人有所不同而已。

对于大部分青少年，他们的大脑中负责执行功能的部位——前额叶皮质（prefrontal cortex）——还处于发育阶段，这就意味着你还能通过许多方式帮助孩子提升执行力。这就如同孩子在学会走路、说话、骑自行车以及其他各种事情之前，都会经过大量的练习，执行能力也是这样，孩子同样可以通过练习掌握它。

执行力包括不同的几个方面，你的孩子也许其中的某些方面能力很强，而在其他一些方面有所欠缺。本书的第一个活动就能帮你评定孩子在各个方面的能力如何，知道了孩子的优势和弱点后，你就可以帮助孩子选择需要加强哪些能力了。

这本书中的活动可以帮助你的孩子提高执行力，但必须重复完成几次，直到孩子养成习惯才能有效。对大多数人来说，养成一个新的习惯需要 28 天。而对于执行力缺乏的青少年，这个时间会是 2 ~ 3 倍。这不仅对于青少年自己是一个困难的过程，对于帮助他们的人（例如你）也是一个挑战。因此，虽然这本书可以由青少年独立使用，我还是非常希望你能尽量参与书中的实践活动，以"执行力教练"的角色陪伴在你的孩子身边，直到他能够顺利地完成每一次任务。相信有你作为支柱，你的孩子将会更容易成功。

祝你们在这趟旅途中一切顺利！另外，即使有时你会感到沮丧和迷茫，不知道付出的努力到底是否有用，也请你记得温柔地对待你的孩子。

莎伦·A. 汉森

| 目 录 |

01 执行力的自我评估

你需要知道的

执行功能障碍（executive function disorder，EFD）是指一些人在履行自己的日常职责时，难以完成一些特定任务的情况。这些执行功能包括但不限于：分析、组织、决策、计划。在学校，缺乏执行力的青少年可能难以完成作业并按时上交；难以整理好他们的书本资料和课桌抽屉；难以管理好时间，避免分心。在家里，缺乏执行力的青少年可能很难管理好自己的情绪，不能按照一系列计划做事，或者难以保持房间的卫生。

就像有的人高、有的人矮一样，有的人也会具备比别人更强的执行力。具有执行功能障碍并不意味着你不正常，它只是正常的另一种形式。与其讨论什么是"正常"，不如讨论什么是"平均"。比如一次考试中，"中等"可能是大家的平均成绩，同理，大多数青少年的大脑也有一个"平均"状况。

下面的这个评估会告诉你，你的执行力在哪些方面比较强，又在哪些方面存在不足。知道你的评估结果后，你就可以规划一下先阅读这本书的哪些部分了。你可以先着手处理你最弱的方面，然后再看看那些不需要投入那么多关注的方面。执行力越强，你在生活中就会越有效率。

你需要做的

阅读下面这些叙述，联系你对自己的了解和别人对你的评价，标出和自己的实际相符的叙述（各方面的能力会先以数字表示，完成后会揭示它们的名称）。

方面 1

- 我匆匆忙忙地完成任务，只要做完就好。
- 我不喜欢那些需要解决问题的任务或游戏。
- 我需要反复听别人的指导。
- 有人告诉我，我察觉不到自己的行为影响到了别人。

方面 2

- 我难以记住要带哪些东西回家才能完成作业。

- 我难以找到自己写完的作业。
- 我难以把自己的房间、书包、抽屉、桌面收拾整齐。
- 我难以找到要用的东西。

方面 3

- 我难以开始着手做作业或者做家务，这导致我不能按时完成它们。
- 我难以把新的事项与制订好的计划相协调。
- 我难以准确地估计出一件事情需要多久才能完成。
- 我经常错过作业或任务的最后期限。

方面 4

- 我经常发脾气。
- 我比同龄人更容易紧张不安。
- 我一旦生气，就难以控制自己。
- 一些小事也会使我心烦。

方面 5

- 我会打断人们的谈话。
- 有人告诉我，我的意见和评价是不合适的。
- 我会在看完任务指导之前就开始做事。
- 课堂提问时，老师没叫我回答问题，我也会喊出答案。

方面 6

- 一旦原计划有变，我会难以处理。
- 换去一个新的班级会让我觉得困难。
- 对某个任务，如果我第一次尝试失败了，我就不会再抱任何希望了。
- 如果一件事自己不太明白，我很难开口去寻求别人的帮助。

方面 7

- 如果没人吩咐我，我难以开始一项任务。
- 我需要被人提醒着做作业、做家务。
- 我需要被人提醒着遵守课堂纪律。
- 我难以从做一件事情转而去做另一件事情。

方面 8

- 我难以完成任务，尤其是比较难的任务。
- 大型的任务或项目使我不堪重负。
- 我难以对环境中分散我注意力的事物不予理会。
- 我会和旁边同学说话，而难以专心工作。

方面 9

- 如果有人口头交代我三件以上的事情，我会难以记住。

- 我会忘记交各科的家庭作业。
- 我难以记住要带哪些东西回家才能完成作业。
- 如果被连续问了多个问题，我只能回答第一个。

方面 10

- 如果我在做事时被打断，就很难重新进入状态。
- 如果某件事很无聊，我就难以持续下去。
- 当我试图专心学习时，我容易思想不集中。
- 无论在家或在学校，我难以设定目标。

如果在某个类别中，你标出了 2 条以上，那就说明你的执行力在这个方面有所欠缺了。在接下来的内容中，我们针对每个类别，分别设计了 3 项活动来加强你的能力。

方面1——自我认识（self - understanding）：评估你对自己的了解程度和做事方法的能力（活动2，活动3，活动4）。

方面2——组织能力（organizational skill）：建立、维护秩序与跟踪事物的能力（活动5，活动6，活动7）。

方面3——时间管理能力（time management ability）：准确估计完成事情所需的时间、高效利用时间的能力（活动8，活动9，活动10）。

方面4——情绪控制能力（emotion control）：在令人心烦、生气、伤心、沮丧的情况下保持冷静的能力（活动

11，活动 12，活动 13）。

方面 5——行为控制能力（behavior control）：控制自己不去做不该做的事情的能力（活动 14，活动 15，活动 16）。

方面 6——灵活性（flexibility）：改变行动或者调整原定计划的能力（活动 17，活动 18，活动 19）。

方面 7——主动性（initiative）：不用他人吩咐，能够主动开始做事的能力（活动 20，活动 21，活动 22）。

方面 8——专注性（attention）：能够专心做不感兴趣的事情、不会分心的能力（活动 23，活动 24，活动 25）。

方面 9——工作记忆（working memory）：能记住一些信息以完成任务的能力（活动 26，活动 27，活动 28）。

方面 10——坚韧性（persistence）：从头到尾坚持做枯燥任务的能力（活动 29，活动 30，活动 31，活动 31 是一个总结性的活动，适合你把其他活动都做过后再去做）。

你还可以这样做

也许你还不知道提高执行力到底该从何入手。现在你可以花点时间，在下面写一写你对这本书的使用计划。

在做前面的测试时，你可能已经发现，你的某几个方面的执行力会比其他方面更薄弱。现在请把你评估的各方面的能力按从最弱到最强的顺序排列起来，最前面的请填你在评估中四句叙述都选了的方面，然后是选了三句、两句、一句的方面。完成后，按照你自己排列的顺序，从1到10先后阅读、使用它们在本书中所对应的内容。

1. _____

2. _____

3. _____

4. _____

5. _____

6. _____

7. _____

8. _____

9. _____

10. _____

02 认识你自己

你需要知道的

关于执行力，一个有趣的现象是如果你缺乏某方面的执行力，你自己会很难发现。因此，他人就起到了镜子一般的作用，你需要来自别人的反馈才能发现自己的问题。能发现问题十分重要，它是解决问题的过程中最为关键的一步。

贾马尔14岁，他不理解生活中大人们为什么总是说自己不好。他的老师和父母总是在喊他做这个、叫他做那个。贾马尔自己觉得，他在学校的表现很不错，只是偶尔有门课的考试不及格。但是事实上，他没有发现，自己的问题在于并没有真正努力地学习和做家务。

有一天，贾马尔的父母让他坐下来，表达他们对他的关心。他们告诉贾马尔，他是个挺聪明的孩子，但是他所做的事情远远低于他的能力。他们让他做出改变，在学习和做家务方面做得更好。一开始，贾马尔对父母为他描绘出的未来并不在意，但接下来的几天里，他开始觉得父母的话也许是对的。他意识到，相比于那些听老师指导、按时交作业的学生，老师对待自己的方式是不同的。

贾马尔决定做一个试验。随后的三天里，他努力做到按时完成作业并主动上交，努力做到上课专心听讲，尽力不去注意身边无关的事情。父母对他的教导，他都认真听取，并且把自己需要做的事情写了下来。很快，贾马尔发现在生活中大人对他的态度有了变化，他们对他更有耐心了、更愿意花时间把他不会的东西慢慢教给他。就这样，贾马尔在这些事情上更加努力了，直到这些都完全成为习惯。

你需要做的

在下面方框的上半部分，请用文字或图画描绘你眼中的自己，请把优点和缺点都包含进去。在方框的下半部分，请用文字或图画描绘其他人（父母、老师、朋友、兄弟姐妹）眼中的你，同样也请把优点和缺点都包含进去。

自己眼中的我：

他人眼中的我：

你还可以这样做

针对你在方框中写下（画出）的内容，回答以下几个问题。

你对自己的描绘和他人对你的描绘有哪些相似点？

_____

_____

你对自己的描绘和他人对你的描绘有哪些不同点？

_____

_____

你认为存在这些不同的原因是什么？

_____

_____

谁的描绘更加符合真实的你？（圈出回答）

　　　　自己的描绘　　　　　　　他人的描绘

你怎样才能把自己和他人描绘中的优点结合起来（或者改掉缺点），从而开始创造一个更善于做那些需要做的事情的全新的自己，一个你自己和其他人都希望你能成为的人？

_____

_____

_____

03 打败心里的"怪兽"

你需要知道的

许多执行力不够强的青少年会对自己产生消极的态度。他们开始相信,他们的弱点让他们不能和其他人一样优秀。把你是一个什么样的人和你的弱点区分开来,能够帮助你看清你的问题(把它同你自己区分开来)并解决它,同时避免它在自尊上给你带来负面影响。

通过活动 2,我们发现自己并不容易知道自己的弱点。即使知道了你在哪些方面薄弱,也可能会觉得你好像没有任何可能来加强这些能力。但事实上,你可以做到。如果你的执行力得到加强,你做任何事情都会有更好的表现。

有时,你需要从现有的处境中跳出来,以一个旁观者的视角观察自己,而不是从内部观察。虽然这听起来有点难,但一旦你学会这个技巧,你就能够更好地确定什么可以由你掌控，而什么是你无能为力的。接着，你就可以一步一步做出改变，让你的生活能朝着积极的方向前进。

你需要做的

在下面的第一个格子中，写下你最需要提高的执行力。在第二个格子里，请你写一种你过去或者现在很害怕的生物。完成后，请画一个你想象中的"怪兽"，用它来同时象征你的执行力局限和你害怕的生物。

我最需要提高的执行力是：	我曾经或现在很害怕：

同时象征以上两点的"怪兽"图画：

你还可以这样做

现在，请把你的弱点想象成一个不时出现的"怪兽"，而并不是你身体里的一部分。相信这样想可以让你意识到，你可以打败这只怪兽，减少它对你的生活造成的干扰。

请联系你画出的"怪兽"，回答下面的问题。

这只"怪兽"给你的生活造成了哪些麻烦？

_____

你做什么会让这只"怪兽"感到高兴？

_____

这只"怪兽"会使用什么诡计来达到它的目的？

_____

这只"怪兽"带来的麻烦让你有什么感觉？

_____

你做什么会让这只"怪兽"不高兴？

_____

你要怎样做才能让这只"怪兽"不侵占你的生活？

你有什么办法阻止这只"怪兽"再回来？

如果你自己很难打败这只"怪兽"，你可以找谁帮助你？

04 把动作放慢

你需要知道的

很多时候，缺乏执行力的青少年不会想着尽自己所能去做事，他们只是草草了事，只求完成任务。如果学会放慢速度，你就会投入更多精力用于每一件任务。

乔安娜现在 16 岁，她在学校里总是匆匆忙忙地写作业，还会因为粗心犯错误。在家里，她也很快地做完家务，又常常做得并不好。这些现象让乔安娜的父母很烦恼，但她自己丝毫没有察觉，觉得她做得都挺好。

后来，乔安娜很多次的成绩都很差，她的老师和父母终于决定和她谈谈。他们指出乔安娜总是急着把事情完成，而这是影响她作业和家务完成质量的一个重要因素。乔安娜承认他们也许是对的。从那以后，她也努力让自己"慢下来"。她发现，当她多投入一些时间做每件事情时，她就会做得更好。最终，她的父母对她做的家务更满意了，老师也觉得她交的作业做得更好了。老师和家长的欣赏也让乔安娜很满足，她也很高兴地看到自己取得了更好的成绩。

你需要做的

在你完成任务时，使用"SLOW"（慢）这个词中四个字母代表的方法，能帮助你记得慢下来。

S——停下来（Stop）。

L——听从建议（Listen to suggestions）。

O——观察他人正确完成任务的方式（Observe someone doing the task correctly）。

W——努力以观察到的方式完成任务（Work hard to complete the task as shown）。

在下面的表格中，请你写下你经常太快就做完的事情。

别人认为我做得太快的事	
在学校	在家
例：拼写测验	例：洗碗

　　想一想所罗列的哪些事情你可以利用"SLOW"的方法做得更好。你可以在什么时候听取建议或者学习别人的做事方法呢？

你还可以这样做

在你之前罗列的任务中，请你选出一件你经常做的事情，写在这里。

_____

在你下一次做这件事的时候，记录一下你完成它的时长，还按照你平时的习惯完成，只是记下开始和结束的时间。

开始时间：_____结束时间：_____ 总时长：_____

请用 1～10 为这个任务的完成质量打分（1 = 极差，10 = 极好）。圈出你的打分。

1　　2　　3　　4　　5　　6　　7　　8　　9　　10

请再让你的父母或老师为你完成任务的表现打分。圈出你的打分。

1　　2　　3　　4　　5　　6　　7　　8　　9　　10

和你的父母或老师讨论一下，你原本可以怎样把这件事做得更好。写下他们的想法。

_____

_____

_____

_____

下次你做这件事情的时候，再记录一下你的开始时间。这次，请你按照 SLOW 法让自己慢一点完成，努力提高讨论中谈到的可以做得更好的地方。完成后，写下结束时间。

开始时间：_____结束时间：_____总时长：_____

请用 1 ~ 10 为这次任务的完成质量打分（1 = 极差，10 = 极好）。圈出你的打分。

1   2   3   4   5   6   7   8   9   10

请再让你的父母或老师为你这次完成任务的表现打分。圈出你的打分。

1   2   3   4   5   6   7   8   9   10

第二次做这件事情时，你有没有用更长的时间？

_____

你和你的父母或老师对这次任务完成情况的评价有什么变化？（圈出答案）

提高   不变   降低

05 发现"无组织"的行为

你需要知道的

组织能力(organizational skill)是指能把你需要的东西放置好，在需要用时可以很快并方便地找到它们，使日常工作效率更高的能力。在学校有组织有条理会帮助你取得更好的成绩，在家里有组织有条理可以减少找不到东西的情况。提高组织能力的第一步，是意识到无组织行为是如何影响你的生活的。

"布莱斯，该去学校了！"布莱斯的爸爸从楼下喊他。

17岁的布莱斯变得手忙脚乱起来。他抓过书包，穿上鞋，冲下了楼梯，接着又跑了回去，因为忘了拿之前一直在做的英语试卷。他把卷子塞进书包，出门时捡起扔在地上的外套，跳上了正好到门口的班车。

"啊，我赶上了。"他一边坐下一边说。随即他想起忘了拿放在桌上的午饭，"糟糕！"他说道。他拿出手机给妈妈打电话："你能帮我把午饭送到学校去吗？"

布莱斯的妈妈叹了口气："这种事我还要干多少次，布莱斯？有一天是忘了带午饭，还有一天是忘了带一本要用的书。你得把东西管好一点了！"

数学课上，斯坦格尔老师要大家交前一天布置的作业。布莱斯把书包和每个夹子都翻了个遍，老师走到他旁边来，他说："我发誓我把作业做完了，大概只是忘在家里了。我保证明天带来。"

斯坦格尔老师说："布莱斯，你可以明天再交作业，但是迟交的作业分数就会更低。"布莱斯默默在心里记住，今天一回到家就要把数学作业放到书包里。

化学课上，汤普森老师让大家拿出铅笔，准备随堂考试。

"啊，糟了！"布莱斯抱怨说，"我忘了我们今天要考试！"

他的同学提醒他说："老师昨天就告诉我们了呀。"

布莱斯叹着气拿出了笔。考卷上的题目他几乎都不会做，因为他之前根本没有复习。好吧，也许汤普森老师会允许我复习之后再考一次吧，他心想。

布莱斯放学回家后，他把书包扔在厨房地上，脱了鞋，从冰箱里拿出零食，一屁股坐到了电视前面。他看了一个小时电视，又打了会游戏。吃过晚饭后，妈妈问他今天有没有家庭作业。

"没有，我在学校全做完了。"

第二天，同样的一切又发生了。

你需要做的

你能发现布莱斯的那些无组织的行为吗？在下面的表格中，请你写出布莱斯之所以把这一天搞得更加忙乱，是因为做了什么或者没有做什么。再写下这些无组织的行为造成了什么不良后果。我们在第一格中为你做了示例。

布莱斯的无组织行为	这种做法的不良后果 （可以不只一个后果）
没有把家庭作业装进书包	时间不够，必须急冲出去赶车 得更低的分数

你还可以这样做

在下面的表格中，请你写出自己生活里的情况。有时，我们一开始不容易发现自己的无组织行为给我们带来的负面影响，所以，请你仔细回想生活中的各个方面。

我在生活中的无组织行为	这种做法的不良后果
例：书包里很乱	我找不到家庭作业，会被扣分

06 大扫除！

你需要知道的

要保持整齐有序，最重要的就是定期整理自己的东西，彻底清理不想要的、不需要的东西。如果你收到什么东西都留着，那么很快你就会发现自己被淹没在堆积如山的东西里！如果每个星期，你都能扔掉一些不需要的东西，那么你的生活会更加整洁有序，需要的东西也可以迅速找到。

塔蒂安娜13岁，她和许多这个年龄的女孩子一样，房间总是乱糟糟的。她的桌子上到处散落着纸片，地板上也到处是她的衣服。书架上放着喝了一半的矿泉水和糖纸。塔蒂安娜以前并不在意东西这么乱，她觉得她可以找到自己需要的东西，没必要整理房间。

塔蒂安娜的书包也是差不多的情况。各种试卷乱糟糟地塞在里面，她从来找不到要用的试卷，因为它们都凌乱地塞在各个文件夹里。由于这个缘故，她的成绩也受了不少影响。

每天，塔蒂安娜的妈妈都劝她整理一下房间和书包。她也会去收拾一下，但是又很容易因为别的事情分心，比如朋友打来一个电话，接完电话她就不会继续整理了。所以，她的房间和书包好像从来就没有整齐干净过。

你需要做的

在你的个人空间里，找一个需要整理的地方，按照下面这个简单的流程做一个彻底的清理：

1. 彻底把需要整理的位置清空。（很快你就会把想要的东西放回来，但全部清空更利于开始布置。）

2. 把所有东西分成三堆：一堆是你想要留下的，一堆是你能扔掉的，一堆是你能捐赠掉的。

3. 选择一种用来分类整理的系统。比如，把不同课程的资料放进不同颜色的文件夹，或者把同一类的东西放进一个收纳筐，再放在架子上。

4. 想好你要把想留下的东西放在哪里。比如，写完的作业放在文件夹的一侧，没有写完的放在另一侧。又比如，把所有游戏光盘放在一个收纳筐里，再放到架子上。

5. 根据分类系统，把你要留下的东西放回去，不要再放其他的东西。

6. 一星期后，确保这个位置依然整齐。如果需要，请重复做第1~4步。

7. 一旦你发现，每个星期只要花一点时间，你就可以成功地保持这个位置的整洁，就换一个地方再做同样的整理。从你日常生活中最重要的位置开始。

尝试使用这个方法，坚持几个星期的时间。如果过了几个星期，你发现这些都不管用，那就和父母商量一些别的方法来保持整齐吧。只要确定你选择的方式易于记忆和操作就好。

你还可以这样做

复制一份下面这张表格。运用这张表格和前文中的整理方法，跟踪记录那些需要你经常整理的位置。在第一个月，你可以只选一到两个重要的位置（你也可以自己写下几个需要整理的位置）。如果某一周你整理好了一个地方，就在表格中这周的位置上做一次标记。请尝试每个月添加一个位置，这样就可以逐渐把一切都整理好了。

月份：_____

要整理的位置	第一周	第二周	第三周	第四周
书包				
卧室				
文件夹				
书桌				
抽屉				

写下你整理完以上位置后的感受。

_____

_____

下个月，你会做出哪些改变？

_____

_____

_____

07 组织工具

你需要知道的

在这个科技的时代，有各式各样的工具用来帮人们有组织地生活。请你亲自尝试，发现对你最有帮助的工具。最重要的是，找出一个工具，能让你在同一个地方方便地记录一切你需要做的事情。

卡洛斯16岁，一段时间以来他总安排不好自己的作业、家务和各种需要到场的活动。终于，在又一次办事迟到后，他决定想个办法，让生活更有计划一点。他和爸爸坐下来谈了谈，并且一起想出了几个办法。

接下来的几个星期，卡洛斯试着使用学校开学时发的"计划本"。一开始这还挺有用的，但他还是会忘掉重要的事情，因为他会忘了打开"计划本"看里面的安排，有时又会忘了把事情写到本子上。

后来，卡洛斯的父母给他买了一个电子备忘录。他们和卡洛斯一起坐下来，教他怎样向电子备忘录里输入他所有的约会、家庭作业、项目和家务。然后他们设置了闹铃，在这些事项马上要开始的时候，备忘录会自动响铃。卡洛斯开始把他的各种任务存进电子备忘录里，很快，他就到哪都带着它了。他最满意的是可以自己设置闹铃，因为铃声会提醒他看一眼备忘录，想起接下来要做什么。没过几天，他就能把各种任务、事项记得比以前清楚得多了。

你需要做的

下面是各种人们常用来安排日程的工具。请你在你目前使用的工具前面做标记。

- 纸质日历，可以快速地查到较为长期的规划。
- 电子日历，可以为任务设置提醒。
- 手机（带日历功能），可以通过铃声提醒你记在日历里的事项。
- 即时贴，可以把简单的提醒贴在日历或计划表中。

● 背包，可以放进一切和学习或工作有关的东西，非常便携。

● "着陆点"，门附近的一处位置，用来放置你出门要带的那些东西。

● 挂钩，可以把书包、外套、钥匙挂在挂钩上，使你容易找到。

● 桌面收纳盒，适合把订书机、夹子、剪刀这类东西放在里面。

● 收纳篮，适合存放小物件。

● 书架，既可以放书，也可以放一些你想展示的物品（比如奖品），还可以放收纳篮。

● 文件盒，用来存放你经常要用的纸张。

● 文件柜，可以用于存放那些你希望一眼就能看见的文件。

● 待办清单，可以帮你随手记下每天要完成的事情。

● 门口的鞋柜，除了放鞋，还可以放一些小的、容易丢的小东西。

● 多层文件夹，放在书包里，可以分类整理各类文件。

现在，从列表中选一到两个你还没有用过，但是打算用一下的工具。你觉得你可以怎样使用它们，来让生活变得更有条理？

_____

_____

　　如果你告诉你的父母你想要更有条理地生活，他们应该愿意给你提供这些工具。试试定期（每周或每两周）使用它们，看看生活会发生什么变化。

你还可以这样做

　　如果你已经试过以上几种新的工具，请回答下列问题。哪一种工具对你最有效果，为什么？

_____

_____

_____

　　哪一种工具对你来说不够有效，为什么？

_____

_____

_____

再试试其他的工具，直到你找到几种最能让你的生活变得有条理的工具。要保证每种工具至少连续使用了一星期（这样它才能有机会发挥作用），再去尝试下一种工具。另外，想一想你目前在用的工具还有什么新的用途。例如，鞋架除了用来放鞋，还可以成为一种学习工具：你可以在每个角落里放一个问题卡和一块糖。平时要求自己回答卡片上的问题，如果答对了，就可以获得这块糖。一个简单的地方，可以让你更有条理、获得动力！

08 怎样利用你的时间

你需要知道的

时间管理能力（time management ability）是懂得合理地利用时间的能力。很多时候，你会发现自己会上网、玩游戏、看电视，而没有去做需要做的工作。随着年龄增长和越来越成熟，你会发现，其实有时候做**必须做**的事会使你有更多时间去做**想做**的事。

早上，14岁的贝丝起床了，吃过早饭，准备去上学。就在她收拾书包准备出门的时候，她的朋友阿什莉给她发了条短信，贝丝忙着给她回短信，结果出门晚了，错过了班车。贝丝只好等妈妈去上班时顺路送她去上学，结果到学校的时候已经迟到了，被登记了姓名才能进去。

放学回家的路上，贝丝去了她的朋友塔米家里玩电脑游戏。下午 6 点了，贝丝的妈妈给她打电话叫她吃晚饭，她才回到家里。

吃过晚饭，贝丝打开电视，开始看最喜欢的电视节目。看完之后她又看了两个别的节目。终于，晚上 10 点了，她妈妈问她家庭作业做完没有。

"嗯，我做完了。"

贝丝准备上床睡觉时，她想起明天有历史课考试，现在她不知道该怎么办了：熬夜学习还是去睡觉？她觉得她实在累得不能学习了，考试还是碰运气吧。

……很不幸，贝丝考试没有及格。

你应该可以看出，贝丝真的需要更好地管理她不在学校时的时间了。

你需要做的

下面的活动中，请标出你经常做的。"浪费时间的活动"是指那些占用时间、不能让你做应该做的事的活动；"利用时间的活动"是指那些能把任务完成的活动。你可以把属于同一类型的其他活动补充在对应的横线上。

浪费时间的活动	利用时间的活动
☐ 看电视	☐ 完成作业
☐ 玩游戏	☐ 练习乐器
☐ 发短信	☐ 复习考试
☐ 上网	☐ 打扫房间
☐ 打电话	☐ 完成手工
☐ _____	☐ _____
☐ _____	☐ _____
☐ _____	☐ _____

　　如果你发现，在左边一栏里你做的标记比右边一栏里要多，那你应该是花了太多时间在对生活、学习作用不大的活动上。

　　值得注意的是，许多活动（包括以上的活动）既可以是**浪费时间**的，也可以是**利用时间**的，这取决于你怎样做它们。如果你做一件事是为了逃避另一件应该完成的任务（比如，你正在打扫房间，但是你是为了以此为借口，推迟打一个很重要的电话），那这件事就是一个**浪费时间**的活动。但是，如果像上网、看电视这些活动，如果也是计划中的一部分，那它们也算是**利用时间**。

你还可以这样做

优先性排序是指，决定哪些事情最重要，需要你立即处理；哪些事情不算很重要，但还是要完成。

下面列出的是贝丝一天里要做的各种事情。请你帮她按优先性给这些事情排序，用"1"表示最重要的事情，用"2"表示中等重要的事情，用"3"表示最不重要的事情。然后，请你也写出你在一天中通常需要做的事情，用同样的方式排出优先顺序。最后，回答后面的问题。

贝丝要做的事情

_____复习考试   _____给阿什莉发短信

_____准备上学   _____吃晚饭

_____玩电脑游戏   _____赶班车

_____吃早饭   _____按时睡觉

_____登记姓名进学校

我要做的事情

_____   _____

_____   _____

_____   _____

_____

哪些事情被你标为了"1"？

_____

为什么你把这些事情标记为最重要？

_____

哪些事情被你标为了"2"？

_____

为什么你把这些事情标记为中等重要？

_____

哪些事情被你标为了"3"？

_____

为什么你把这些事情标记为最不重要？

_____

写出让你认为一件事情比其他事情重要的理由。

_____

_____

_____

_____

09 日程管理

你需要知道的

执行能力薄弱的青少年常常不能计划好什么时候、在哪里、怎样做各种该做的事情。因此，一个日程计划表是个很重要的工具。如果能在事情到来之前看一眼该做什么，这不仅可以让你更好地开展事项，还可以降低压力。

在亚莉安小的时候，她的妈妈会把她的各种会面、游戏、体育锻炼和比赛都安排到日程表里。现在她13岁了，她的妈妈希望她能自己做这件事情。妈妈还给她买了一个很大的日历贴在墙上，让她记录她的事项。亚莉安自己却不知道怎样开始。她的朋友蒂娜就很善于写日程表和规划时间，所以亚莉安请她来教自己写日程表。

蒂娜告诉亚莉安，第一步需要写出最重要的事项，就是那些她必须在特定的时间做的事情。把这些写进日程之后，接下来要写下所有必须完成、但是不必在特定时间完成的事情。列完这些之后，她才可以把那些自己想做的事情加到日程表里，想做的事情不能与已有的安排相冲突，最好穿插在其中。这样，亚莉安的每月规划基本上完成了。她只需要在以后把突发的事情随时加入进去，保证一切没有冲突就可以了。

你需要做的

下面是亚莉安的日程表，里面有她必须在特定时间要做的事情。请帮她完成剩下的日程（事项列在了日程表后），把她可以灵活完成的必要事项和想做的事都写进日程表。

九月						
周日	周一	周二	周三	周四	周五	周六
	1	2 足球训练 下午 6：00 - 8：00	3	4	5	6 足球比赛 下午 12：00 - 2：00

（续）

			九月			
周日	周一	周二	周三	周四	周五	周六
7 去教堂 上午 8：00－ 9：00	8	9 足球训练 下午 6：00－ 8：00	10	11	12 妈妈的生 日晚餐 下午 7：00－ 9：00	13 足球比赛 下午 12：00－ 2：00
14 去教堂 上午 8：00－ 9：00	15 看牙 下午 4：00	16 足球训练 下午 6：00－ 8：00	17	18	19	20 足球比赛 下午 12：00－ 2：00
21 去教堂 上午 8：00－ 9：00	22 英语课 发言	23 足球训练 下午 6：00－ 8：00	24	25 科学课 考试	26	27 足球比赛 下午 12：00－ 2：00
28 去教堂 上午 8：00－ 9：00	29	30 足球训练 下午 6：00－ 8：00				

打扫卧室（每周一次） 遛狗（每天晚上） 看喜欢的电视节目（周四下午6：00－7：00） 复习科学课考试（从9月9日到9月24日，每周两个晚上）	和蒂娜看电影（周六的电影院开门的任何时间） 准备课堂发言（从9月9日到9月21日，每周两个晚上）

你还可以这样做

现在轮到你自己了。复制一份这个日程表，填好月份和日期，先写你应该完成的事项，再写你想做的事。完成后，它就可以从视觉上随时提醒你接下来该做什么。请你每月都进行一次这样的规划，你也可以用日历填写，然后贴在墙上。

					|月	
周日	周一	周二	周三	周四	周五	周六
	1	2	3	4	5	6
7	8	9	10	11	12	13
14	15	16	17	18	19	20
21	22	23	24	25	26	27
28	29	30				

10 每日计划

你需要知道的

日历对长期的计划很重要，而做好每日计划也很有用。**每日计划（daily planner）**就是用一种方式来安排自己每天要做的事情。每日计划可以通过多种形式进行——可以写在纸质的笔记本上，也可以记在电脑软件、手机、小黑板上。找到最适合你的方式，然后有规律地使用它。

菜文现在上八年级，最近几周她都在努力提升执行力。她的指导老师，撒切尔夫人，每周都会给她安排任务，教会她安排生活，设定长期目标，按时、规律地完成课堂任务和家庭作业。现在撒切尔夫人相信，菜文已经可以独立地安排自己的各项任务了。她告诉菜文，使用某种每日计划很重要，并向她示范了怎样把作业、会面、家务写进计划中，一切完成后再检查一下。接下来的一周，菜文开始尝试做每日计划，撒切尔夫人每天会检查她的计划做得怎么样。星期五，撒切尔夫人给了菜文一个奖品，奖励她为这一周做了合适的计划，并且完成了计划中的每项任务。

经过几个星期的练习，菜文已经可以熟练地制定每日计划，并且养成每天使用它的习惯了。

你需要做的

下面做一个最基本的每日计划的练习。

在表格中，请你按照时间先后，写出 10 个你明天从起床到睡觉要完成的任务，每一项任务都写出完成的期限。明天，每当你完成一项任务，就在"完成"一栏做上标记。

完成	任务	时间
√	例：起床	早上 6：00

（续）

完成	任务	时间

你还可以这样做

列出计划很有用，但是如果你不做好准备工作，还是会难以完成任务。比如，如果你没有历史课笔记和历史课本，就不能够准备历史考试。

从你之前写出的任务中选择一个，回答下面的问题，确保在下次做这件事情时，你做好了准备工作。

这项任务要在什么时候完成？ _____

要完成的任务： _____

_____

完成这项任务需要我准备哪些东西？

_____

_____

我可以从哪获得这些东西？

_____

_____

谁可以帮助我完成这项任务？ _____

_____

11 情绪来自哪里?

你需要知道的

　　情绪是一种由情感产生的能量，而合理控制情绪是作为一个成年人的重要能力。执行力有所欠缺的青少年，还没有能力掌控在特定情境里产生的强烈情绪。要学习控制情绪，第一步是了解你的情绪是从哪里来的。

输入→程序→输出

事件→想法→情绪和行为

　　我们的大脑有点像电脑。电脑的输出（比如显示在屏幕上的内容）不仅以输入（例如我们用键盘打的字）为基础，也以电脑运行的程序为基础。程序里包含了对输入信息进行操作的规则。同样的道理，我们的情绪和行为不仅取决于我们遇到的事情，还取决于我们怎样看待它们。当我们使用消极（不理性）的想法看待生活中的事情时，就会输出负面的情绪和行为。如果我们用积极的（理性的）想法看待这些事，输出的也将是积极的情绪和行为。

　　很多时候，我们的大脑会按照一系列规则来运作，这些规则中包含了"应该""必须""一定要"等绝对化的想法，同时它们往往被用来看待他人的行为。虽然我们习惯于认为某个人应该、必须或一定要以某种方式做事，但事实上，我们并不能控制别人。但我们可以改变自己的思维方式，从而影响到我们对事情的感受。

举个例子，假如一个男生骂你。如果你的大脑里充满了一系列绝对化的想法，你可能会觉得他骂你很不公平。你可能会对自己说："他不应该骂我。"一旦你这样告诉自己，你就会对这个男生产生"生气"的情绪，因为他破坏了你的规则。另外，你还会对自己产生不好的感觉，因为你相信他说的是真的。最终，事情照此发展下去，你会发现你采取了消极、不合适的举动来处理这件事。这就让事情进入了难以跳出的恶性循环。

但是，通过练习，你也可以开始改变你在这类负面情境中的反应。首先，你需要提醒自己，你没有办法控制别人。接下来是审视别人说的话，因为说出一句话并不会就让它变成真的。这样你就不会告诉自己"他不该骂我"，而是告诉自己"我不喜欢被人骂，但是我也控制不了别人，而他说的也不是真的"。改变了想法之后，你的感受也会从生气、厌恶自己转变为烦恼，这种情绪就不是那么有害了，你也就没那么容易因此做出负面的行为，这会有助于打破恶性循环。请你注意：不要期待出现奇迹，这些变化会发生，但速度都是缓慢的，而且需要做多次练习。

你需要做的

阅读下面的表格，想象当你遇到左边第一列中的事件时，第二列中的这些想法会让你怎样做或是带来怎样的情绪，把你的回答写在第三列。第一行已经给你举了例子。

事件	非理性想法	情绪和行为
有人骂你。	他不该那样做。	例：去找骂你的人打架。
你的父母对你嚷嚷。	这不公平。	
你的朋友和你闹掰了。	我这个人不招人喜欢。	
你打翻了牛奶。	我就是笨手笨脚。	
你考试不及格。	我应该得个更高的分数。	

（续）

事件	理性想法	情绪和行为
有人骂你。	噢，他做人有点问题。	
你的父母对你嚷嚷。	有时我会让父母精神紧张。	
你的朋友和你闹掰了。	我还是个受欢迎的人。	
你打翻了牛奶。	这只是运气不好。	
你考试不及格。	我下次考试要认真复习了。	

　　回顾一下你的回答。遇到相同的事情，当想法变得理性之后，你预料中的感受和做法是不是变得更积极了，或者说，至少没有那么负面了？

你还可以这样做

回忆一下你在过去的一星期里有过的一切情绪。写出每种情绪，再写出你认为是什么情境导致了这种情绪。

情绪	情境
1.	
2.	
3.	
4.	
5.	

回忆并写出你在这些情境中的想法。

1. _____
2. _____
3. _____
4. _____
5. _____

辨别你的想法中有哪些绝对化的成分（含有"必须"

或"应该"），写出它们。

_____

_____

　　选一个你之前写下的绝对化的想法，试着把它改成温和、宽容些的表述。

_____

在这种情境中，转变想法会给你带来不同的情绪吗？_____

_____

　　练习把其他的想法都改写成更温和、宽容的表述，看一看以后再遇到类似情境时，你的情绪会不会有所变化。

12 理解你的情绪

你需要知道的

情绪是一种由情感产生的能量。它们是一种信号，根据你体验到的情绪，你就会知道生活中的某体事情该继续还是该改变了。情绪本身并没有好坏之分，但是处理情绪的方法有好有坏。为了掌控自己的情绪，你首先需要从最深的层面理解它们。

雅各布现在八年级，这天布莱特老师的语言艺术课下课晚了，因为其他同学不按老师的要求安静下来，所以老师让全班同学下课后留下。雅各布加快了脚步，想要按时去上迪兰妮老师的数学课，这时另一个八年级的同学斯科特一下撞上了他，他的书本全都掉在了地上。斯科特完全没有道歉，甚至对自己撞到了雅各布毫无反应。看着斯科特径自走了，雅各布冲他大喊：

"你这个白痴，给我停下，把我的书捡起来！"

斯科特继续走，根本没有理会。雅各布一本一本捡起了书，这时却已经不可能准时赶上下节课了。到迪兰妮老师的数学课堂时，他迟到了两分钟。

"把你的行为记录卡给我，雅各布。"迪兰妮老师在他进门时说。

"可刚才有人撞我，我的书全都掉地上了，所以我迟到了。"

"不要争辩了，雅各布。请把行为记录卡给我。"

雅各布掏出了卡片，交给迪兰妮老师，老师在卡片的一角打了一个叉。

此时此刻，雅各布对今天发生的事情感到非常生气，以至于他在数学课上都不能注意听讲。下课后，他去食堂吃午餐时还是很气愤，他觉得很不公平——迪兰妮老师在他的行为记录卡上打叉，可是事情根本就不是他的错。到了排队买饭时，他看见斯科特正和一个朋友说说笑笑。雅各布径直走到斯科特旁边，狠狠地推了他一下。

斯科特转过头："神经病，你这是什么意思？"

"意思是你是个白痴！"雅各布啐了口唾沫。两个男生顿时推搡起来。布莱特老师过来了，把他们都带到了办公室等候校长处理。

你需要做的

下列哪些词语能够描述故事里雅各布在上课时的情绪，请把它们都圈出来。

高兴	沮丧	窘迫	低人一等
伤心	害怕	心烦	愉快
愤怒	担忧	不自信	受排挤
失望	兴奋	害羞	

你圈出了几个词？ _____

你觉得人有没有可能同时体会到多种情绪？为什么？

_____

_____

_____

你觉得，故事中的哪件（或哪几件）事"触发"了雅各布的那一番举动？

_____

_____

_____

想象一下，雅各布在每件事发生前、发生时、发生后都对自己说了些什么？

_____

_____

_____

针对每件事，写出一到两个雅各布可以采取的不同做法。

_____

_____

_____

你还可以这样做

在下面的方框中，请用不同颜色的铅笔或记号笔写出你最近有过的所有情绪。写每种情绪时，都用你觉得最能代表它的颜色、大小和形状来表示。在每种情绪旁边，写出你觉得这种情绪想要向你传达什么信息。比如，如果你写了"沮丧"，那这可能是想告诉你，你需要找别人帮你处理令你沮丧的事。如果你写了"高兴"，那这可能说明，目前你生活中的某些方面进行得很顺利。完成后，圈出那些意味着需要对你生活中的某些东西做出改变的情绪。想一想你可以用什么方式来做出改变。如果你自己难以改变它们，可以寻求他人的帮助。

13 应对你的消极情绪

你需要知道的

无论你多么努力、多么频繁地练习用积极情绪代替消极情绪，有时候你还是会难以抑制消极情绪的产生。这些消极情绪产生的时刻，可能是你的父母因为你没有做好家务而批评你的时候，也可能是你的老师无数次地告诉你要加油，把作业按时交上的时候。记住，每个人都会不时地产生消极情绪，所以，知道当消极情绪来临时该做什么，是一项值得学习的重要技能。

一些科学研究发现，如果运动员在重要的比赛之前想象自己在赢得比赛时的情景，他们就更有可能真的会赢，因为他们已经看到了积极的结局。通过这种"心理意向"，我们可以利用精神的力量创造出期待的结果。这几乎适用于各种情况。如果你希望取得更好的作业成绩，就在做之前想象你成功地完成作业后的情景。虽然你还是需要好好做作业，但你会发现自己更有动力了。另外，想象的过程会让你对自己、对自己的境况产生积极的感受。

你需要做的

圈出最近两周内你产生过的所有消极情绪。

羞耻	被命令	不被喜爱
不被尊重	有压力	被责怪
窘迫	孤独	被评判
被冒犯	困惑	担忧
被贬低	灰心	恐惧
被嘲笑	被忽视	被威胁
没有用	被拒绝	不受信任

选择一个你圈出的情绪，描述这种情绪产生时的情境。

_____

_____

_____

在这种情境下，你原本能够采取哪些不同的做法，让事情可能有更好的结果？

_____

_____

_____

如果当时你的确采取了不一样的处理方法，情况又会如何？请描述。

_____

_____

_____

多看几遍你重新写下的情境，然后闭上眼睛，在脑子里回想这个场景。也就是想象自己在采用不一样的新办法应对这件事，让你的想象生动一些，尽可能地加入细节。

写下真实情境和想象的情境中你情绪上的差异。你觉得为什么会有这些不同？

_____

_____

_____

你还可以这样做

当我们体会到消极情绪时，身体也会有紧张感。

为了克服消极情绪所导致的身体紧张，我们可以试着按以下步骤进行放松练习。如果做的同时听一些轻松舒缓的音乐，效果会更好。

1. 以舒服的姿势坐下或躺下。松开紧身的衣服。闭上眼睛。放下一切想法和压力，尽量放松。

2. 深呼一口气，屏住呼吸一小会儿，然后呼气。重复做两次。每呼吸一次，都让身体感觉越来越放松。

3. 收紧小腿。绷紧小腿腹、脚踝、脚和脚趾。在绷紧小腿全部肌肉的同时，想象你正把脚趾向外拉。保持紧张的状态并且深吸气，随后屏住呼吸一小会儿。然后呼气，同时让腿部完全放松。再重复做一次。

4. 绷紧大腿、臀部肌肉，保持绷紧的状态并且深吸气，随后屏住呼吸一小会儿。然后呼气，同时让大腿和臀部完全放松。再重复做一次。

5. 绷紧腹部和胸部，保持绷紧的状态并且深吸气，随后屏住呼吸一小会儿。然后呼气，同时让腹部和胸部完全放松。再重复做一次。

6．双手握拳，绷紧双肩、手臂、手腕和手指。保持绷紧的状态并且深吸气，随后屏住呼吸一小会儿。然后呼气，同时让双肩、手臂、手腕、手指完全放松。再重复做一次。

7．绷紧颈部、头部、脸。保持绷紧的状态并且深吸气，随后屏住呼吸一小会儿。然后慢慢呼气，随之让颈部、头部、脸完全放松。再重复做一次。

8．平静下来，感受身体是否还有紧张感。如果有，集中精神让它消失。再做三次深呼吸以消除紧张感。当你起来时，会发现全身变轻松了，会有一种轻松、满足的感觉。然后去睡觉，或是继续你的一天，你会有一种十分宁静、没有烦恼的感觉。

当你经历负面情绪时，练习这个放松方法。如果你在消极情绪产生时不能马上做练习，就在每天睡觉之前做。一段时间后，你会发现消极情绪带给你的烦恼在慢慢变少。

14 什么是冲动?

你需要知道的

冲动（impulse）是一种让人想要立刻移动身体、采取行动的欲望。那些不考虑后果单凭冲动办事的人会给人留下"容易冲动"的印象。如果你是容易冲动的人，你往往会先做事，做完才开始反思这样做好不好。很多时候，冲动行事的青少年会在父母、老师那里遇到麻烦，甚至触犯法律。

查拉是个六年级的学生，她以前总是打断成年人说话。她的理由是，如果她不把心里想的东西说出来，她就有可能会忘掉。在课堂上，老师甚至还没有说完要教的内容，查拉就会喊出答案。同样，她经常没有看完题目就开始做作业，结果有时做的作业都不符合题目要求，成绩也受到影响。

　　有那么几次，查拉明明知道怎样做更好，却做了错误的决定，因此惹恼了父母和老师。比如，她会放学后去朋友家玩而并没有告诉父母，或者在课上抄别人的作业。有一次，她在商店里没有付钱就拿走了一条喜欢的项链。她的朋友感到很难和她相处，因为她总做出这些冲动的事，而朋友们不想让自己牵连进去。

你需要做的

　　请把下图想象成你的身体，在你感觉有可能冲动的身体部位上标上"X"。

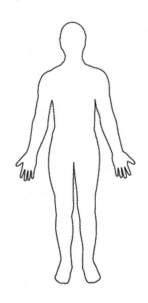

写出你会做哪些冲动的事（不考虑后果做出的事）。

_____

_____

你还可以这样做

很多时候，容易冲动的青少年被要求不要冲动做事，但是，这并没有说起来那么容易。改变一个原有的习惯要花很长时间，不过，记住"STOP"这个词能帮你做出更多正确的决定。"STOP"代表"停下"（Stop）、"思考"（Think）、"观察"（Observe）和"计划"（Plan）。

S——停下你在做的事。

T——思考你为什么会像刚才那样做。

O——观察你刚才的做法如何影响到周围的人。

P——计划下一次如何做出改变。

现在试一试。选一个你在之前练习中写下的冲动行为，假想你刚刚这样做了。然后回答下列按照STOP方法设计的问题，它们会帮助你想出一个更好的做法——也许这个做法能够帮助你即刻达成一些目标，或者是在稍后达成，并且不会产生负面影响。

停下你在做的事。

你刚才做了什么（冲动的行为）？＿＿＿＿＿＿＿＿＿＿＿

＿＿＿＿＿＿＿＿＿＿＿＿＿＿＿＿＿＿＿＿＿＿＿＿＿＿＿

思考你为什么会像刚才那样做。

你刚才为什么那样做？（勾出所有可能的原因。）

☐ 为了避开大人　　☐ 为了吸引大人的注意　　☐ 为了得到某个东西或

☐ 为了避开同伴　　☐ 为了吸引同伴的注意　　　　进行某项活动的机会

☐ 为了避开任务　　　　　　　　　　　　　　☐ 不知道

观察你刚才的做法如何影响到周围的人。

周围的人受到了什么影响？

＿＿＿＿＿＿＿＿＿＿＿＿＿＿＿＿＿＿＿＿＿＿＿＿＿＿＿

＿＿＿＿＿＿＿＿＿＿＿＿＿＿＿＿＿＿＿＿＿＿＿＿＿＿＿

＿＿＿＿＿＿＿＿＿＿＿＿＿＿＿＿＿＿＿＿＿＿＿＿＿＿＿

计划下一次如何做出改变。

写出你以后准备做出哪些尝试，来用别的方式实现自己的目标。

＿＿＿＿＿＿＿＿＿＿＿＿＿＿＿＿＿＿＿＿＿＿＿＿＿＿＿

＿＿＿＿＿＿＿＿＿＿＿＿＿＿＿＿＿＿＿＿＿＿＿＿＿＿＿

＿＿＿＿＿＿＿＿＿＿＿＿＿＿＿＿＿＿＿＿＿＿＿＿＿＿＿

＿＿＿＿＿＿＿＿＿＿＿＿＿＿＿＿＿＿＿＿＿＿＿＿＿＿＿

15 三思而后行

你需要知道的

后果（consequence）是指在给定的情境里选择做或不做某件事所带来的结果。有时后果是积极的（正面的），有时则是消极的（负面的）。很多时候，冲动的青少年只会遭遇其行为带来的消极后果。

对于执行力弱的青少年来说，在做事之前考虑这样做的后果并非易事。有时候，即使知道做一件事可能对自己不好，他们似乎也忍不住要去做。因此，学会思考自己的行为可能带来的后果，是一项重要的技能。如果你练习在做出某一行为之前快速地考虑一下可能的后果，那就更容易做出一些对自己更有利的决定。

你需要做的

想要做出好的决定，最重要的就是在真正做事之前，想清楚这样做了以后会发生的情况。

下面列出了一些你可能会做的事。请思考每一种行为可能带来的积极后果和消极后果，写在横线上。有的事看起来不像是好事，可能很难想象它会带来积极的后果（或者难以为一件好事想出消极后果），但是如果仔细想想，应该也可以想出来。比如你抽奖抽中了一张音乐会的票，积极的后果可能是你能免费度过一个愉快的晚上。但是，消极的后果可能是你会因此错过最喜欢的电视节目。

行为： 你买了一张彩票。

积极后果：_____

消极后果：_____

行为： 你早餐吃了油条。

积极后果：_____

消极后果：_____

行为： 你做了家务。

积极后果：_____

消极后果：_____

行为：你没有完成家庭作业。

　　积极后果：_____

　　消极后果：_____

行为：你和朋友打电话聊天。

　　积极后果：_____

　　消极后果：_____

行为：你在课堂上叫喊。

　　积极后果：_____

　　消极后果：_____

行为：你和父母顶嘴了。

　　积极后果：_____

　　消极后果：_____

行为：你打断了别人的谈话。

　　积极后果：_____

　　消极后果：_____

你还可以这样做

有时，我们的行为带来的后果不会立刻呈现。我们可能需要等几天、几个月、甚至几年才能看出一个决定到底结果如何。当后果不能够立刻显现时，那想做一个好决定就更难了。比如，吸烟导致的健康问题可能会过多年才会显现，一个年轻人吸烟，可能并不会立刻遭受什么不良后果，所以他可能会觉得这没什么问题。

请思考以下决定可能带来的短期后果和长期后果。

决定：吃垃圾食品。

短期后果：_____

长期后果：_____

决定：喝酒。

短期后果：_____

长期后果：_____

决定：锻炼身体。

短期后果：_____

长期后果：_____

决定：完成家庭作业。

短期后果：_____

长期后果：_____

现在，请写一些你最近做出的、可能产生长期后果的决定，再写出它们的长期后果和短期后果。

决定：_____

短期后果：_____

长期后果：_____

决定：_____

短期后果：_____

长期后果：_____

决定：_____

短期后果：_____

长期后果：_____

决定：_____

短期后果：_____

长期后果：_____

决定：_____

短期后果：_____

长期后果：_____

16 对同伴说"不"

你需要知道的

同伴压力（peer pressure）是每个青少年都要学着应对的事物之一。但是，对于那些行为掌控能力薄弱的青少年，这个过程可能伴随着危险。控制不住自己行为的青少年更容易听同伴的话，去做他们让他做的事，然而这些事情并不一定对自己有利。

奥马尔16岁，他有很多朋友，他喜欢周末和他们一起出去玩。一个星期六，他的朋友比尔让他抽根烟。奥马尔觉得不想在朋友面前显得像个小孩子，就接过了比尔手里的烟。

特雷西和她的朋友苏都是17岁，有一回两人一起去逛服装店。苏让特雷西去更衣室，把一条牛仔裤套在自己的运动裤里面穿走。特雷西拒绝了，苏对她说，"这没什么啊，大家偶尔都会这样带衣服出去，也没影响到谁呀？"

富兰克林 14 岁，有一次，他问约翰能不能抄一下他的作业。约翰认为这样不太好，但是富兰克林极力恳求，还说不会被人发现的。

你需要做的

下面的每张图片中，主人公都在被施压的情况下做某件事，而这件事可能给主人公带来麻烦。请在每张图下方写出，被施压的主人公可以通过怎样的回应去拒绝对方。

—————————————
—————————————

—————————————
—————————————
—————————————

你还可以这样做

即使你从没有迫于压力做过上个练习所图示的事情，学会礼貌而没有压力地对朋友说"不"也是很重要的。

想想你的朋友有没有让你做一些你不想做的事。在下面的表格中，写出你的朋友曾经迫使你做、而你自己觉得不该做的事。然后试着为每件事想出一个拒绝的说法。

朋友让你做的事	拒绝的方式
例：不去做作业，一起去玩电脑游戏。	我也很想玩，但是我父母在等我回家。

17 灵活性

你需要知道的

灵活性（flexibility）是一项有必要学习的重要能力。当遇到意外的情况时，灵活的人总能更好地应对。但是，执行力薄弱的青少年往往在灵活应变方面存在一定困难。

过去几年美国流行过一种玩具，叫做"弹力超人阿姆斯特朗"。它是一个大号的、有弹性的人偶，可以被拉扯和弯曲成各种模样。小孩子甚至可以把它的胳膊和腿系在一起。这种可以扭、可以弯、可以拉、可以变形的能力就是灵活性。身体的灵活性对于运动员很重要，因为他们常常要做出大幅度的动作。所以经常锻炼的人都会注意拉伸、热身，以避免肌肉拉伤。不过，身体的灵活只是灵活性的一个方面，除此以外还包括情绪的灵活性、心理的灵活性。青少年如果没有较好的情绪和心理灵活性，就难以在不同任务之间灵活转换，处理计划以外的突发状况也会有困难。

正如身体的灵活性可以提高一样，你也可以通过锻炼和练习来提高自己在情绪和心理上的灵活性。

你需要做的

请按指示完成下面的练习。你需要准备六支彩色笔：绿色、黄色、橙色、蓝色、红色和紫色。

1. 按提示给下列每个形状涂上颜色。

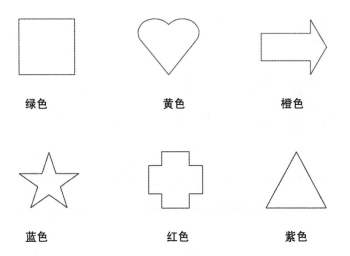

2. 不要给下面的词涂上颜色。

绿色　　黄色　　橙色

蓝色　　红色　　紫色

3. 给下面的这些词涂上与词义**不同**的颜色。比如，
"绿色"这个词可以涂上**除绿色以外**的任何颜色。

绿色　　黄色　　橙色

蓝色　　红色　　紫色

你还可以这样做

找一个有秒针的表，或者计时器，说出之前的练习中
第 1 题里所有的形状是什么颜色，记录你完成任务的时间。

_____秒

下面，读出练习中第 2 题里所有的词（也就是你没有
涂上颜色的词），记录你完成的时间。

_____秒

最后，说出练习中第 3 题里所有的词被涂上的是什么颜
色（是你涂上的颜色，而不是词义所指的颜色），一个一个

地完成，并且记录时间（如果读错可以重读该词后继续）。

_____秒

练习在一分钟内说出第 3 题中每个词被涂上的颜色，之后再练习一次并记录时间。

_____秒

你所用的时间有没有减少？（圈出回答）

有　　　　　没有

你认为这是为什么？

_____

以上这个活动怎样帮助你理解心理灵活性的意义？

_____

_____

_____

18　即兴创造

你需要知道的

在需要执行力的任务上表现得困难的青少年往往在心理灵活性方面也比同龄人薄弱一些。提升心理灵活性的一个办法，就是练习**即兴创造**（improvising）。即兴创造是指，使用手头上的任何工具和材料创造性地解决问题，即使严格来看它们不是最合适的解决办法。即兴创造常常需要想象力，这本身也是一项强有力的技能。

即兴创造时，我们往往是想出了一个故事，以适应我们所处的境况。一些想提高演技的演员就会学习这种即兴创造。当父母给孩子讲睡前故事时，父母会把故事讲得像是自己的经历一样，这也是一种即兴创造。每当你针对某个问题灵机一动地想出一个主意，也都算是进行了即兴创造。即兴创造，或者说随机应变，都意味着为某个事物找到新的用途，或者用不同于往常的方法使用某个东西——比如，用一副长夹子去取放在橱柜高层的东西，而不是站在椅子上或者梯子上去够。

你需要做的

下面的每样东西，请你尽可能写出怎样创造性地使用它们（也就是说，除了平常的用途之外它们还有什么用途）。第一个已经为你写好，作为示例。

安全别针

日常用途：把布片固定在一起

创造性用途：固定一摞纸，用作耳环，清理牙缝，清理小碎屑，拆开信封

叉子

日常用途：吃饭

创造性用途：_____

枕头

日常用途：支撑头部

创造性用途：_____

锤子

日常用途：在木头上钉钉子

创造性用途：_____

牙刷

日常用途：刷牙

创造性用途：_____

绷带

日常用途：包扎伤口

创造性用途：_____

你还可以这样做

生活中，经常会发生你没有预料到的事情。当这类事情发生时，如果你能做到随机应变，就会处于有利的位置。

写出在以下情境中，如果要即兴创造，你会怎样做。第一条已经为你写好，作为示例。

情境： 你按照六人份准备了生日聚会的食物，但是有十个人来参加。

示例：想一个我能很快做好的菜，让食物够吃。

情境：你打算和好友一起逛商场，但是父母打来电话，说你的爷爷奶奶来你家里吃晚饭，要你回家。

_____

_____

情境：数学课上，老师宣布要进行临时考试，而你之前完全没有为这次可能的考试做准备。

_____

_____

情境：你在喂宠物狗时，狗粮从袋子里洒了出来，掉得满地都是，而你的妈妈快要回家了。

_____

_____

情境：你在打扫房间，一个朋友发短信找你去看电影。你很想去，但是如果不把房间打扫干净，父母会不让你出门。

_____

_____

情境：你半小时之后就要去一个新的工作岗位，但是想穿的衣服是脏的。

情境：你在用电脑做一个学校的历史课题，忽然断电了。你没有把课题的文件保存下来。

---

19 态度最重要

你需要知道的

态度（perspective）指的是你看待世界的方式。有些人具有积极的态度，他们会看到"半满的水杯"。另一些人具有消极的态度，他们会看到"半空的水杯"。幸运的是，态度是可以改变的。

格雷戈 17 岁，他总是一副想吵架的样子。他觉得，朋友喜欢跟他出去玩只是因为他会开车。他觉得老师也讨厌他，父母也总是破坏他的生活。因此，格雷戈总是很生气。他每天带着一肚子坏脾气醒来，故意找茬和朋友吵架，还每天都跟父母争执。终于，格雷戈觉得受够了，他来找学校的心理辅导老师，看看她有没有办法让大家不要再惹他生气。

心理辅导老师表示，格雷戈只能掌控一个人，那就是他自己。她说，他的态度消极，并且总是把别人想得很坏，这影响了他对待别人的方式，反过来也影响了别人对待他的方式。一开始，格雷戈不愿相信这些话，他用了很长时间想让老师明白，是其他所有人在跟他作对。最后，经过了几次见面，格雷戈开始觉得她说的可能是对的。他试着发现生活中积极的方面，而不是一直盯着消极的方面。他开始转变对朋友的看法。结果，他发现朋友们并不仅仅是因为他会开车才跟他玩——他们只是想和他出去玩，让他开车也是因为朋友们以为他想开车。他试着和父母好好相处、完成家务，父母也不再和他争吵。他开始完成家庭作业，老师也变得更加满意了。随着他态度和行为的转变，别人改变了对待他的方式，因此格雷戈也更快乐了。

你需要做的

态度就像是一副有色的眼镜，眼镜是什么颜色，你看到的世界就是什么颜色。如果戴着"消极"颜色的眼镜看待生活里的人和事，你就会变成一个更消极的人。

对照以下的每种情境，请你在眼镜下面的横线上写出两个看待这些事的消极态度。既可以写消极的想法，也可以写消极的预期。然后问问自己，如果这样看待事情，会有怎样的情绪。请写出来是哪种情绪，并且在后面的数字中圈出情绪的强烈程度，1 表示最轻微，5 表示最强烈。

情境1　你放学回家，妈妈叫你去洗碗。

＿＿＿＿＿＿　情绪：＿＿＿＿＿　1　2　3　4　5

＿＿＿＿＿＿

情境2　老师给你布置了一个任务，要你准备一段演讲，并在上课时向大家展示。

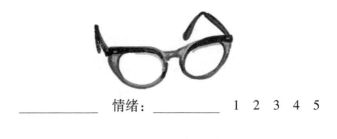

＿＿＿＿＿＿　情绪：＿＿＿＿＿　1　2　3　4　5

＿＿＿＿＿＿

情境3　牙医告诉你，你有一颗蛀牙。

_____ 情绪：_____ 1 2 3 4 5
_____

情境 4 由于公司业绩下滑，你被解雇了。

_____ 情绪：_____ 1 2 3 4 5
_____

你还可以这样做

对于前文练习中的每个情境，转变你的态度，写出两个看待这些情境的积极态度。如果你用这种方式看待，你又会有哪些情绪？请写出来是哪种情绪，并且在后面的数字中圈出情绪的强烈程度，1 表示最轻微，5 表示最强烈。

情境 1 你放学回家，妈妈叫你去洗碗。

_____ 情绪：_____ 1 2 3 4 5

_____

情境 2 老师给你布置了一个任务，要你准备一段演讲，并在上课时向大家展示。

_____ 情绪：_____ 1 2 3 4 5

_____

情境 3 牙医告诉你，你有一颗蛀牙。

_____ 情绪：_____ 1 2 3 4 5

_____

情境 4 由于公司业绩下滑，你被解雇了。

_____ 　情绪：_____ 　　1　2　3　4　5

_____

现在，比较你在两次练习中的作答。当你的态度更加积极的时候，你对于事情的消极情绪是不是会变弱（甚至可能会变成积极情绪）？

20 拖延症

你需要知道的

拖延（procrastination）就是把不想做的事情推迟。执行力薄弱的青少年经常在面对一项无聊的任务时，就告诉自己等一会儿再做这个，在这期间，他们则会找些好玩的事情做。可是，虽然你暂时用其他想做的事情转移了注意力，但把该做的任务拖到以后只会增加你的压力，还可能导致你因为时间不够，不能妥善完成它，或者不能在自己的能力范围内做到最好。

斯科特 15 岁，他在家时，几乎总是很难开始着手并完成各项任务。他的父母总在提醒他去做家务，但他似乎总能找到一些别的事做，而该做的事情却没做。

一次家庭会议时，斯科特的爸爸终于和他聊起了拖延的问题。斯科特说，他不喜欢做家务和作业，因为觉得做这些事很无聊。他的父母听到后，决定让他在家里的柜子上设一个计时器，定好完成家务和作业的时间。当计时器响起时，他必须把这一天的任务都完成。每过一星期，他都要把设定的时间减少两分钟。

一开始，斯科特并不能在计时器响起的时候完成全部任务。他发现，很多次都是因为他在设置好计时器后没有马上开始做事，导致了最后没有做完。意识到这个之后，下次他在设置好计时器后就立刻开始一天的任务。没过多久，斯科特就逐渐能在计时器还没响的时候就做完家务和作业了。他意识到，过去浪费了不少时间，而现在只要做完了家务和作业，他也有更多时间做他喜欢的事情了。

你需要做的

有的青少年会拖延，是因为他们不知道怎么开始做某件事。还有的人拖延是因为他们害怕如果失败了，会显得自己很笨，别人也会觉得他们没能力。

想一想你会在哪些事情上拖延，写在表格的第一列。

在第二列，写出为什么你逃避做这些事。

被拖延的事	逃避它的理由
例：收拾餐具。	我不知道该把餐具放到哪里。

你还可以这样做

拖延往往会给你的生活带来问题。

在下面的方框中，画出一次你在某件事上拖延的经历，并回答下面的问题。

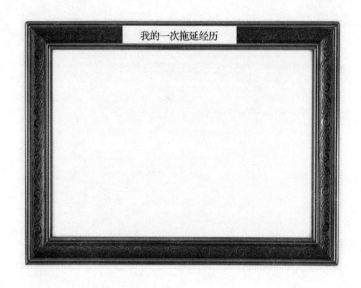

我的一次拖延经历

当时的情况是怎样的？

_____

为什么你逃避做这件事？

_____

这给你造成了什么问题？

_____

你的感受如何？

_____

在下面的方框中，画出一次你**没有拖延**的经历，并回答下面的问题。

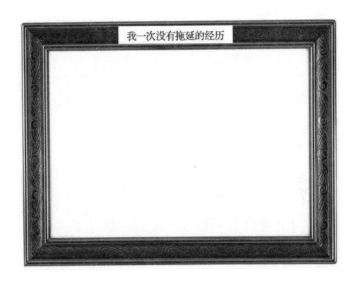

当时的情况是怎样的？

_____

为什么你没有逃避做这件事？

_____

完成任务给你带来了什么好的结果？

_____

你的感受如何？

_____

回顾你的两幅画。哪一个让你对自己感觉更好？（圈出回答）

第一个　　　　第二个

你认为，你可以怎样利用第二件事里的经验帮自己更好地处理第一件事？

在第一件事或类似的情境里，你可以改变哪些做法来让自己以后减少拖延？

---

21 分解任务

你需要知道的

可以理解，如果一项任务负担太重，你在做的时候就会很勉强。如果把一项看上去很宏大的任务分解成最小的"任务单元"，那几乎所有任务都会变得更加可操作。

黛芙妮现在六年级，她总是等到最后一刻才开始着手做学校的课题。于是，她会飞快地做，仅仅为了完成任务，因此做得很差。

黛芙妮的妈妈决定教她学会如何分解任务，这样任务就不会显得很困难了。有一次黛芙妮又有一个科学课课题要做，她和妈妈坐在日历前面，把最终截止日期标在了日历上。接着，他们讨论了这项作业，计划出其中的每一步。妈妈帮助她估计了完成每一步需要多长时间，然后他们把完成这些小步骤的日期也写在日历上。接着，黛芙妮和妈妈一块儿写出了任务的每一步的具体做法。这样，黛芙妮的手头有了一份关于各个子任务及其截止日期的方案。这让黛芙妮感觉到课题变得可控了，她不再有"必须一次做完整个作业"的想法，也就不会感到紧张了。

当黛芙妮提交这次科学课题作业时，她得到的分数比起以前匆忙完成作业时高出很多。她对自己完成的任务感到自豪，后来，她也使用了相同的方法做学校的各项作业。

你需要做的

下面是黛芙妮的科学课老师对这次课题提出的要求。

选择动物界的任意一种动物，制作一个彩色的海报，并且根据所选动物的界、门、纲、目、科、属、种，给动物制作正确的标签。把动物的常用名称写在最上面。本课题最迟 3 月 21 日交。

黛芙妮和妈妈把这项课题分成了下面几步。请根据完成每一步的先后顺序给它们从 1 到 7 排序，再给每一步安排一个完成日期。请记住，有的步骤会花费比其他步骤更长的时间。（假设布置作业的日期是 3 月 1 日。）

步骤		完成日期
_____	给动物写标签	_____
_____	交作业	3 月 21 日
_____	查资料	_____
_____	画动物海报	_____
_____	选择一种动物	_____
_____	给海报上色	_____
_____	写出动物的常用名	_____

你还可以这样做

要分解一项任务，就要知道完成它需要哪些步骤。第一步通常是最重要的，有时也是最难以着手的。

请想一想，要完成下面的各项任务，你要做的第一步是什么。然后，问一问你的父母或朋友，他们认为做这件事的第一步是什么。比较一下你们的答案，你觉得自己找到正确的方法了吗？第一条已经为你写好，作为示例。

粉刷房间

第 1 步：决定你想把房间染成什么颜色。

打扫卧室

第1步：_____

做数学作业

第1步：_____

给宠物狗洗澡

第1步：_____

写读书报告

第1步：_____

洗碗

第1步：_____

完成历史课题

第1步：_____

22 援助之手

你需要知道的

生活中，有些需要你完成的事情对于你一个来说太过困难了。无论你的执行力是不是薄弱，这种情况都无法避免——没有人能一直独自完成一切，不用接受帮助。当一个任务看起来过于困难时，就需要去寻求一个可靠的成年人或同伴的帮助。"可靠的成年人"应该是了解你、真心关心你的人，可以是你的父母、你喜欢的老师、心理辅导老师甚至好朋友的父母。

扎克现在七年级，他在学习上总觉得很吃力。他觉得，自己之所以很难按时开始做作业和完成作业，是因为自己有时根本无法理解作业本身。

在做家务方面，扎克也感到困难，他的父母总是不得不提醒他把家务做完，他也不喜欢这样。

扎克决定寻求一些帮助。他和学校的心理辅导老师聊了聊，心理辅导老师建议他列出身边在日常任务和作业方面可以帮助他的人。扎克写出了一份名单，里面有他需要帮助时可以找的成年人和同伴。名单里有他的妈妈，可以在数学方面帮助他；有好朋友汤姆，可以在科学课的笔记上帮助他；有奶奶，可以在家务劳动方面帮上忙；还有同学伊丽莎白，可以帮他修改英文作文。

你需要做的

请你在下图手的轮廓中的每个手指上写出一个可靠的成年人（或同伴）的名字。

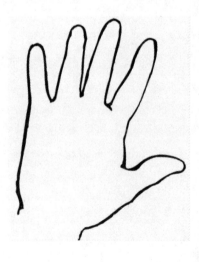

这只"援助之手"能帮你找到五个人,他们可以帮助你完成那些必须完成的事情。在下面的横线中,写出他们每个人可以在哪些方面帮助你。请试着写一些你在"拖廷症"一节中列出的你容易拖廷的事情。

可靠的成年人(或同伴)的名字:＿＿＿＿＿＿＿＿＿＿

这个人可以在哪些方面或任务中帮助我:

＿＿＿＿＿＿＿＿＿＿＿＿＿＿＿＿＿＿＿＿＿＿＿＿＿＿＿＿

＿＿＿＿＿＿＿＿＿＿＿＿＿＿＿＿＿＿＿＿＿＿＿＿＿＿＿＿

可靠的成年人(或同伴)的名字:＿＿＿＿＿＿＿＿＿＿

这个人可以在哪些方面或任务中帮助我:

＿＿＿＿＿＿＿＿＿＿＿＿＿＿＿＿＿＿＿＿＿＿＿＿＿＿＿＿

＿＿＿＿＿＿＿＿＿＿＿＿＿＿＿＿＿＿＿＿＿＿＿＿＿＿＿＿

可靠的成年人(或同伴)的名字:＿＿＿＿＿＿＿＿＿＿

这个人可以在哪些方面或任务中帮助我:

＿＿＿＿＿＿＿＿＿＿＿＿＿＿＿＿＿＿＿＿＿＿＿＿＿＿＿＿

＿＿＿＿＿＿＿＿＿＿＿＿＿＿＿＿＿＿＿＿＿＿＿＿＿＿＿＿

可靠的成年人(或同伴)的名字:＿＿＿＿＿＿＿＿＿＿

这个人可以在哪些方面或任务中帮助我:

＿＿＿＿＿＿＿＿＿＿＿＿＿＿＿＿＿＿＿＿＿＿＿＿＿＿＿＿

＿＿＿＿＿＿＿＿＿＿＿＿＿＿＿＿＿＿＿＿＿＿＿＿＿＿＿＿

可靠的成年人（或同伴）的名字：_____

这个人可以在哪些方面或任务中帮助我：

_____

_____

你还可以这样做

请列出你觉得自己在下个月中可能需要帮助的三件事。

1. _____
2. _____
3. _____

当你要做这些事情时，你可以在找名单中的人帮助之前，先按照以下的步骤进行，从而得体地寻求帮助：

1. **在求助之前，先尽自己的全力进行尝试。** 不要在还没有尝试独立完成任务之前，就立刻去找人帮助。

2. **承认自己需要帮助。** 这可能有点困难，但是你不可能什么都懂、什么都能自己做。记住，寻求帮助是很正常的。

3. **想清楚你具体需要哪些方面的帮助。** 如果你可以完成任务中的一部分，但是其他部分无法完成，就自己做能做的部分，再找人帮忙做其他的。

4. **选择合适的人来帮助你**。你的妈妈可能可以帮你学数学，但是帮不了你学科学。你也不可能让你的老师帮你给宠物狗洗澡。请确保你找到的人是最适合帮你做这件事的。

想要克服紧张心理去寻求帮助，确实不是件简单的事。但只要你礼貌地询问，大部分人还是愿意帮助你的。在询问和得到建议时，请尽量表达出尊重，尽力听清并采纳那些对方觉得有用的建议——这样，以后你再去寻求帮助时，对方会更愿意继续帮你。

最后，要从中学习。仔细观察对方是怎样帮助你的，或者把对方告诉你的话记在心里，这样，下次你需要做同样的事情时，就有能力独自完成了。

23　你的周围有什么？

你需要知道的

你们诞生在数字化的世界，你们可能每天都会使用电视、电脑、手机和其他的科技产品。这些设备用众多不同来源的信息让我们应接不暇，这会导致那些原本就难以专注的青少年集中注意力的能力进一步下降。

贾马尔现在高二，他每天都花好几个小时和朋友发短信。他们会发短信聊学校、老师、在电视上看到的东西或者晚饭吃了什么。他告诉父母晚上的计划时会发短信，告诉老师关于作业的事情时会发短信，他几乎做什么事情都会发短信。

贾马尔还有一个平板电脑，他用来做很多事情，比如玩游戏、看电影以及和朋友聊天。

最后很重要的一点是，贾马尔经常坐在电视机前写作业。他妈妈会让他关掉电视，专心写作业，但是他不听。

现在的青少年习惯于使用各种新技术，而这些技术对于成人来说往往难以掌控。但是，许多青少年没有意识到，过度地分散注意力会导致他们无法专注于重要的事情。学着聚焦于"单任务"，能帮助你做好该做的事。新技术固然很好，但是它们需要受到约束，并且被合理地使用。

你需要做的

从以下科技产品中勾选出哪些是你自己拥有的或者可以使用的。如果除了这些外，你还有其他科技产品，可以添加在里面。然后，记录你在一星期里每天有多长时间在使用它们。

产品种类	拥有或可以使用(√)	每日使用时长						
		周一	周二	周三	周四	周五	周六	周日
手机								
MP3 播放器								

产品种类	拥有或可以使用 (√)	每日使用时长						
		周一	周二	周三	周四	周五	周六	周日
平板电脑（如 Kindle，Galaxy，iPad）								
台式电脑								
笔记本电脑								
电视								
DVD/光盘放映机								
收音机								
电视游戏系统								

在你的身边，有没有人对你用这些科技产品表示担忧？如果有，是谁？

_____

_____

你在重要的事情上集中注意力的能力，受到这些科技产品怎样的影响？（比如，你会在应该做家务或做作业的时候和朋友发短信吗？）

_____

_____

写出你能想到的任何可以控制自己使用科技产品的办法。

_____

_____

_____

_____

你还可以这样做

试着在几个小时里（甚至一整天）不使用科技产品，然后回答下列问题。

在 0~10 分之间（0 = 非常容易，10 = 非常困难），你觉得在这段时间中不使用科技产品的难度有多大？（圈出回答）

0   1   2   3   4   5   6   7   8   9   10

导致它简单或困难的原因是什么？

_____

_____

为什么你觉得这些科技产品对自己的生活如此重要？

_____

_____

如果你没有这些科技产品，生活会有哪些不同？

_____

_____

写出那些你愿意减少使用次数的科技产品。

_____

_____

你想用额外节省出来的时间来做哪些具有建设性的任务（比如，做作业或者做家务）呢？

_____

_____

24 延迟满足

你需要知道的

满足（**gratification**）指的是得到了想要的东西。注意力不容易集中的青少年经常会在做**应该做**的事之前，先去做那些**想要做**的事，因为做这些更开心，更有趣，更让自己感到满足。这叫做"即刻满足"（马上得到自己想要的），与之相对的是"延迟满足"（推迟得到自己想要的）。

很多年前，几位心理学家对儿童进行了一项实验。实验中，实验者单独告诉每个孩子要给他们一颗软糖，接着会离开房间一会儿。他们告诉孩子，如果孩子能等到实验者回来了再吃软糖，他们就能再得到一颗软糖；如果他们等不了，那他们只能得到这一颗。有的孩子在实验者回来之前就吃掉了软糖，但是，有的孩子就能等他们回来再吃。许多年以后，实验者追踪调查了这些孩子（他们已经成年），发现那些等到了第二颗糖的孩子在学校的表现更好，在工作上也更成功。

你需要做的

回想一下，有哪些事情你虽然知道不该做，但还是经常会做（类似于前文的实验中，吃掉软糖这种行为）。我们把这些称作"想做"的活动，而那些你应该做的事情（类似于前文实验中，等实验者回来再吃糖的行为），我们称作"该做"的活动。

写出几个"想做"的活动，以及有时会被它们耽误的那些"该做"的活动。

想做的活动   **该做的活动**

例：玩电子游戏   而没有   做家务

_____   而没有   _____

_____   而没有   _____

_____   而没有   _____

_____   而没有   _____

_____   而没有   _____

_____   而没有   _____

_____   而没有   _____

_____　而没有　_____

_____　而没有　_____

_____　而没有　_____

你还可以这样做

　　学着自己管理自己"想做"和"该做"的各项活动并不容易。有一个最好的办法就是，把"想做"的活动当作完成"该做"的活动之后的奖励。就像软糖实验中的孩子，如果你能学会为了"该做"的活动推迟"想做"的活动，你就能得到更多想要的东西。

　　利用下面的表格，来设置完成"该做"的活动后的奖励。

如果我做这些……	我就可以去做这些……
例：洗碗	看最喜欢的电视节目

25 注意的焦点

你需要知道的

有时，执行力薄弱的青少年会难以集中注意力专注地做事。而且，他们不能减少周围环境中的干扰因素（比如，在该做作业的时候关掉电视）或者克制住自己对外界刺激的兴趣。学会静下心来、集中注意力，这项技能值得我们反复锻炼。

亨利现在八年级，他总是一副来去一阵风的样子。他会冒出某个想法，并且立刻去做。如果有人提议开车去什么地方，不到一分钟的时间，亨利就会跳上车，准备出发。

亨利还难以排除干扰。如果他在房间里看见走廊上什么东西动了一下，就会过去看看是什么。如果有人在隔壁房间打开了电视，他就会跑去看看在放什么节目。

不用说，亨利几乎不可能完成任何事情。他的老师抱怨说他即使交了作业，也都只做了一半。他的父母也很难让他做完家务，因为他太容易因为外面的声音或者电视分心了。亨利总是没法集中注意力，那他又怎么可能把事情完成呢？

你需要做的

在这项练习中，你需要找个时间，在一个地方不被打扰地坐大约十分钟。这项练习还要用到一个计时器。

将计时器设定为十分钟。在这段时间内，请你只是安静地坐着（可以坐在一个舒服的椅子上），让自己的注意力在周围扫过。关注一下你的注意停留在了哪里，但不要试图转移注意力或者集中注意力到某一件事物上。让你的注意力停在它想停下的地方，然后在它想离开的时候让它离开。十分钟结束后，写下所有你看到或听到的、吸引了你的注意力的东西。

_____

_____

_____

_____

_____

有没有什么东西似乎比别的东西让你注意了更长时间？
如果有，它们是什么？

_____

_____

你认为，为什么这些东西能让你保持更久的注意力？

_____

_____

你还可以这样做

训练注意的能力需要投入一些时间和努力，但你可以
做到。就像学习任何东西一样，它需要练习。

1. 在之前练习的同一个地方坐下，将计时器设定为
十分钟。但是这一次，一旦你的注意力停留在某件事物
上，请尝试尽可能让注意力集中在那里，时间越长
越好。

2. 在心里记下那些你所注意到的事物的细节和特征，
尽可能多记住一些细节，无论是你看见的还是听见的。尝
试至少指出每件事物的五个特征。

3. 一旦你探查好了所注意到的事物的所有特征，就让
自己的注意力转移到周围的另一件事物上。重复以上步骤，

直到十分钟过去。

第一次做这个练习时，请你回答下面两个问题。

1. 这一次有多少东西被你注意到了？写出它们。

_____

_____

_____

_____

_____

_____

_____

2. 这一次你注意到的东西比前一个练习时更多还是更
少？（圈出回答）

　　　更少　　　　　　更多

试着在一个星期里每天做一次这项练习。练习了几次
以后，看看自己能不能在十分钟内，把注意只集中在周围
的某一个事物上，然后回答下列问题。

你能在十分钟内专注于一件事物吗？（圈出回答）

　　　能　　　　　　不能

你使用了什么办法来排除其他视觉或听觉上的干扰，

从而专注于一件事物？

　　坚持每天练习十分钟，一周之后，把练习的时长增加到每天十五分钟，再做一周。然后变成一周里每天二十分钟（如果你愿意，也可以更长），很快，你就能在做各种事情时更好地集中注意力了。

26 提升工作记忆

你需要知道的

工作记忆（working memory） 是你暂时储存那些很快要用到的信息的地方。例如，当你查到了一个电话号码，在拨电话之前把它记到脑子里或者不断重复着念，这都是在利用工作记忆。虽然有的人天生这方面的能力就比别人强，但任何人都可以通过练习提升自己的工作记忆。加强工作记忆是一项很有价值的活动，它帮助我们在需要的时候可以回忆起要用到的信息。

克里斯汀在小学时一直表现很好，但是当她进入中学，就开始觉得做作业很吃力。她经常会忘记把作业带回家，即使带回来了，她也会忘记做或者忘记交上去。

克里斯汀还很难记住包含两个步骤以上的指示。比如说，如果她的爸爸告诉她"你做完作业后，把房间打扫一下，再把碗洗干净"，她就会去做作业，但是忘记做另外两件事。还有一天，老师告诉她，因为她忘了带家长签字的同意书，所以她不能跟大家一起参加野外考察了，克里斯汀觉得很难过。

学校的心理学专家对她进行了测试，发现克里斯汀在工作记忆方面能力薄弱。随着克里斯汀开始定期做记忆训练，她在记住自己该做的事情上变得好多了。

你需要做的

在下一页里，有一份词汇表，请用一分钟时间学习词汇表，尽量记住其中的词。然后翻到本页，写下你记得的所有词语。

_____ _____ _____

_____ _____ _____

_____ _____ _____

_____ _____ _____

_____ _____ _____

_____ _____ _____

_____ _____ _____

　　第一次的尝试也许不会很成功，但是如果你能连续几周每周做一次练习，就会发现自己能记得越来越好。只是反复阅读和记忆这个词汇表虽然也能帮你把这些词记得更好，但是如果你能意识到我们的大脑在记忆图象方面有更好的表现，对你会更有帮助。有一个记住事物的方法，就是在脑海里想出一幅和某个事物有关的独特画面。比如，如果你必须帮你妈妈记住一颗生菜，就试着描绘出一幅她头的位置是生菜的画面。与之相关联的还有另一个方法，就是利用特定的身体部位来记忆一系列事物。如果你想象出自己的脚上有牛奶、膝盖上有黄油的景象，那一定很难忘，你就会记住去食品店时要买什么了。

词汇表

猫	钳子	绿色
犹他州	扳手	华盛顿
橙子	马	葡萄
狗	肯德基	李子
弗吉尼亚	梨	黑色
香蕉	打嗝	螺丝刀
红色	猪	白色
紫色	威斯康星	飞虫
锤子	猴子	苹果
嘎嘎叫	锯子	绒毛

你还可以这样做

组合（chunking）就是把大量的信息分解为一个个组块，从而使它们更容易记忆。比如，如果你把九个东西分成三组、每组三个，或者分成两组、一组五个另一组四个，就能更轻松地记住这九个东西。你可以用任何喜欢的方式进行组合，没有所谓对的或错的方式。不过，如果你能使用一些对自己有意义的方式进行组合，就会更容易记住。

下面的练习规则与之前的练习相同，但是这次，词语已经为你"组合"好了。完成后，比较一下这次练习的结果与之前练习的结果有什么不同，看看组合法有没有帮你记住更多的词。

_____ _____ _____

_____ _____ _____

_____ _____ _____

_____ _____ _____

_____ _____ _____

_____ _____ _____

_____ _____ _____

_____ _____ _____

再次提醒，练习组合法的次数越多，你就能做得越好。试试用不同的方法组合，看哪种最适合你自己。

词汇表

动物	工具	颜色
牛	扳手	蓝色
驴	电钻	黄色
蛇	锥子	白色
鸟	卷尺	棕色
蜥蜴	钳子	紫色

州名	水果	随机词汇
得克萨斯	橙子	婴儿
阿拉斯加	草莓	轿车
佛蒙特	葡萄	打呼噜
怀俄明	猕猴桃	割草机
佛罗里达	桃子	明天

27 运用记忆术

你需要知道的

"记忆术"（mnemonic）来自希腊语单词"mnemonikos"。意思是"有关记忆的"。任何能帮你记住词汇和信息的方法、诀窍都可以称作记忆技巧。记忆技巧非常实用，可以帮助你记住购物清单、系列事件（也许是为了历史考试）、系列步骤或其他任何事情。使用记忆技巧进行记忆的方法也叫做"记忆术"。

"Roy G. Biv""Please excuse my dear Aunt Sally""My very excited mother just served us noodles"，你知道这些句子是什么意思吗？其实你可能已经学过这类记忆技巧，以记住某个特定的东西。由于它们朗朗上口，所以如果使用得当，就很容易记忆。

记忆技巧有多种多样的形式。"Roy G. Biv"使用的是

"缩写词"技巧，它用每一个字母代表一个词，是为了帮助记忆彩虹的颜色：红（red）、橙（orange）、黄（yellow）、绿（green）、蓝（blue）、靛（indigo）、紫（violet）。"Please excuse my dear Aunt Sally"和"My very excited mother just served us noodles"都运用了**"离合诗"技巧**，句子里每一个单词的首字母代表了另一个单词。"Please excuse my dear Aunt Sally"⊖是为了帮助记忆混合运算的运算顺序：括号（parentheses）、指数（exponents）、乘（multiply）、除（divide）、加（add）、减（subtract）。"My very excited mother just served us noodles"⊜是为了帮助记忆太阳系中的行星：水星（Mercury）、金星（Venus）、地球（Earth）、火星（Mars）、土星（Jupiter）、木星（Saturn）、天王星（Uranus）、海王星（Neptune）。再举一个使用**"记忆口诀"技巧**的例子，"E在I前又无C，单词里面读作A，比如'neighbor'和'weigh'"，这有助于记忆单词的拼读规则。还有一个使用**"记忆歌"技巧**的例子，就是你学过的ABC字母歌，它有助于记忆26个字母。记忆技巧能让你把东西记得更久，从而提升工作记忆。

⊖ 本句原意是"请原谅亲爱的萨利阿姨"。——译者注
⊜ 本句原意是"我兴奋的妈妈刚才给我们做了面条"。——译者注

你需要做的

自编缩写词、离合诗、记忆口诀或记忆歌，都能帮助你记住以下的内容。如果你创造的记忆技巧能和记忆的对象有所关联，那么当对象出现时，你就更容易想起来。比如，你可以把美国前十位总统的名字编成一首和白宫有关的歌。

美国的前十位总统

乔治·华盛顿（George Washington），约翰·亚当斯（John Adams），托马斯·杰斐逊（Thomas Jefferson），詹姆斯·麦迪逊（James Madison），詹姆斯·门罗（James Monroe），约翰·昆西·亚当斯（John Quincy Adams），安德鲁·杰克逊（Andrew Jackson），马丁·范·布伦（Martin Van Buren），威廉·亨利·哈里森（William Henry Harrison），约翰·泰勒（John Tyler）

美国五十个州中按首字母顺序排在前十位的州及其首府

亚拉巴马州 – 蒙哥马利（Alabama，Montgomery），阿拉斯加州 – 朱诺（Alaska，Juneau）亚利桑那州 – 菲尼克斯（Arizona，Phoenix），阿肯色州 – 小石城（Arkansas，Little Rock），加利福尼亚州 – 萨克拉门托（California，Sacramento），科罗拉多州 – 丹佛（Colorado，Denver），康涅狄格州 – 哈特福德（Connecticut，Hartford），特拉华州 – 多佛（Delaware，Dover），佛罗里达州 – 塔拉哈西（Florida，Tallahassee），佐治亚州 – 亚特兰大（Georgia，Atlanta）

_____

_____

_____

_____

大洲

非洲，北美洲，南美洲，亚洲，欧洲，南极洲，澳洲

_____

_____

_____

_____

去超市要买的 14 种东西

牛奶，鸡蛋，汉堡包，小面包，番茄酱，汽水，香蕉，黄油，甜甜圈，洗洁精，洗发液，卫生纸，狗粮，一次性纸碟

_____

_____

_____

_____

你还可以这样做

科学家已经发现，音乐和记忆之间存在很强的关联。想想看，那些你已经听过很多遍的歌，现在听到也可以立刻想起来——可能只是听一小段就够了。而且，一旦你想起了这是什么歌，应该就可以想起整首歌的歌词。广告商就很会利用这一点，他们通过重复播放简单的旋律，来实现让人牢牢记住的目的。

现在，想一件你需要记住的事情。可以是一项家务劳动、一项作业或其他任何重要的事情。运用和这件事情有关的词汇和概念，编一首短歌，来帮你记住它。用各种音乐风格都可以（从说唱到乡村音乐），但一定要短小、上口。

音乐风格：_____

歌词：

_____

_____

_____

_____

_____

_____

_____

_____

28 教大脑一些新技巧

你需要知道的

　　了解你的大脑是怎样学习的，能在方方面面帮到你。有的青少年的大脑对视觉或听觉信息最敏感，用这些方式学习效果最好。有的青少年的大脑则是在亲手实践的过程里学习得最好。你可以利用一些"小技巧"来训练你的大脑，使它能够很容易地记住事情，这样可以节省你很多时间和精力。

　　劳拉14岁，她总是觉得要记住所有该记的东西实在太难了。大部分时候，她总会忘记要做什么事。终于，她对于自己总是忘事感到很懊恼，决定约学校的心理辅导老师谈一谈。经过几次面谈，心理辅导老师教给了劳拉一些提高记忆力的小诀窍。通过练习，劳拉在记忆方面做得越来越好了，她的妈妈也表示劳拉的记性变得非常好。由于能记得按时做作业、交作业，劳拉的成绩也提高了。

你需要做的

当信息的呈现方式符合自己的学习风格时，人们就能更好地记住它们。视觉学习者容易记住看见的事物，听觉学习者容易记住听到的事物，而触觉学习者容易记住他们做过的事情。

以下有六种记忆技巧的示例，每种学习风格有两种技巧。请在你打算尝试的三种技巧前打上标记。

视觉记忆技巧

- **设立一项惯例**。在你经常忘带的东西旁边，放一个一般不会出现在那的东西。比如，如果你经常把写完的作业放在桌上，而上学时又会忘带，就把一个你很少见到的东西放在桌上，比如一个毛绒动物玩偶，以此提醒自己。当你看见这个东西时，就会想起要带上作业。

- **使用不同颜色**。用颜色来代表你要记住的事情。比如，在日历上把所有的约会安排涂成绿色，把所有的作业安排涂成黄色。这既能让你容易辨别，也能让你记住它们。

听觉记忆技巧

● **编一首歌**。把你想要记住的所有东西编成一首歌。比如，你可以把某个流行歌曲的歌词改掉，换成一份需要你记忆的购物清单里的词，这会有助于你记住这份清单。

● **口头提醒自己**。你可以把要记忆的东西大声说出来，让自己听到，就容易记住了。比如，当你把自己的一双靴子放进衣柜时，就对自己说"我把靴子放进了衣柜"。

触觉记忆技巧

● **养成习惯**。给每件东西都安排一个位置，并且把东西都放在对应的位置上。比如，如果你要把手机带去学校，在家时就记得一直把手机放在同一张桌子上，如果你拿起来用了，用完还要放回去，这样去上学时你就会很容易找到它。

● **运用你的身体**。从脚趾开始自下而上，利用身体的各个部分帮助你记住事物。比如，如果你要记住去买邮票和鸡柳，可以想象自己用手把一张邮票贴到了鸡柳上。听起来很奇怪，但是会有用的！

你还可以这样做

在接下来的几天里，或者在你又有要记的事情时，尝试用一下你在之前的练习中选出的各种记忆技巧，然后回答下列问题。

哪项或哪几项记忆技巧的效果最好？

_____

_____

你把这些记忆技巧用到了生活中的哪些方面？

_____

_____

在下面的位置，写出一些你能想出来的其他记忆技巧，要和你已经试过的记忆技巧有所不同。尽量想一些对你最有效的技巧，不管是视觉的、听觉的还是触觉的。

_____

_____

_____

_____

_____

_____

_____

29 给未来的自己写封信

你需要知道的

有时你可能会觉得，事情现在是什么样，以后就一直会是什么样。不过，跳出现在的自己、想象未来会发生什么变化的过程，对于我们设置和达成目标很重要。请你想象一下未来，问问自己"如果……会怎样"，这会有助于你获得可以引领你达成目标的想法。

尼克18岁，他最近觉得很沮丧。他已经试了很多次，想改变自己的生活，却总是坚持不下去。在又一次努力以失败告终后，他找了哥哥戴维帮助他。

哥哥和尼克坐下来，让尼克把所有想改变的事情都写下来。然后，他们一起写下了可以帮助尼克实现改变的方法。他们列出了身边能帮助尼克坚持下去的人。最后，还做了一张任务清单，让尼克用来监督自己。

终于，尼克开始朝着自己的目标进步了，他觉得对自己、对未来都更自信了。

你需要做的

请给未来的自己写一封信。在信上，告诉自己你希望五到十年之后的自己是怎样的，其中最好包括生活的各个方面（工作、学习、家庭、兴趣、人际关系等）。

亲爱的＿＿＿＿＿＿＿＿＿＿，

我希望未来的你可以是这样的：

你的朋友，

＿＿＿＿＿＿＿＿＿＿＿

你还可以这样做

你在信中写的内容也就是你对未来的梦想，你也一定希望看到未来梦想实现的时刻。**梦想**和**目标**的区别就在于，梦想缺少一个关于如何实现它的计划。当你开始为梦想制定一个计划——确定了实现梦想所需的步骤——它就可以称作目标了。有时，我们在为梦想制定计划时，需要他人的帮助。

写出你在信里提到的梦想。

_____

_____

_____

你需要通过哪些步骤把这些梦想变成现实？

_____

_____

_____

写出生活中能帮助你实现这些计划的人。

_____

_____

_____

要完成这些计划，你还需要做哪些事情？

_____

_____

_____

30 坚持到底！

你需要知道的

想象你的生活就是一艘船，而你是船长。不久以前，你大概还不确定要让这艘船驶向哪里，所以你还有点漫无目的，风吹向哪里，就让船漂向哪里。现在，你已经有了目的地（就是你的目标），但是你的这艘船并没有自动航行装置，所以你要怎么驶向目的地呢？要知道，你是船长啊！你得制定出航线。为了不偏离航线，尤其是大海变得波涛汹涌、天气变得恶劣的时候，你要让船朝着正确的方向前行，直到抵达目的地。只有设定了目标并且坚持你的计划，最终才能获得你期望的生活

学会怎样设定和实现目标是一项技能，它需要多个方面的执行力发挥作用。你要能想清楚自己是谁、自己想要什么，要整理自己的思路，要管理好时间，还要朝着你的目标开始奋斗并且保持下去。学会使用"STICK"原则，

可以帮你设定合适的目标。"STICK"代表"表述具体"（Specifics）、"时间规划"（Time line）、"条件允许"（I can do it）、"可以测量"（Calculable）和"认清能力"（Know your limits）。

S——表述具体（Specifics）。为了设定目标，你需要在心里有一个准确的想法。像是一句"总有一天我会在这件事上做出点什么"就不够具体。你要想清楚自己想要的到底是什么。比如，你的目标是关于哪些人、哪些地方或者哪些东西？你到底要怎样实现它？

T——时间规划（Time line）。目标都要有个时间期限，否则就只是空想而已。虽然想象自己未来生活的情景的感觉很好，但除非你设定一个目标必须实现的时间，否则这些想象就只能永远是想象。

I——条件允许（I can do it）。如果设定的目标对你来说根本不能去做，那就比没有目标还危险。比如，设定一个在 16 岁之前学会开车的目标就很不好，因为法律规定，16 岁之前不能申请驾照。

C——可以测量（Calculable）。如果你在设定目标时，能讲清楚如何客观地测量你的进度，那它就是个可被测量的目标。如果你的目标太过模糊和抽象，像是"在学校取得好成绩"，那就得补充一些能衡量你是否努力、目标是否实现的标准了。比如"这个学期里，至少有三门课得到

'良'以上"就是一个可以测量的目标。

K——认清能力（**Know your limits**）。如果设定一个你非常难完成的目标，那你注定会失败。比如，如果设定的目标是能跳起来摸到天花板，那对很多人来说都是完全不可能做到的。不过，如果目标不需要太多努力或自我突破就能达成，那对你的进步和成长也没有意义。所以目标的难度应该适中。

你需要做的

有研究发现，能把目标写下来并记录进展的人更容易实现目标。这意味着，如果把你的目标写在纸上，你就更有可能实现它。

闭上眼睛几分钟，想象一下你在之前的练习中所描述的未来。调动全部的感官去想象你在哪里，在干什么，然后睁开眼睛，写出你看到的未来的自己是怎样的。

_____

_____

_____

_____

以这些为基础，你就可以写出一个符合"STICK"原则的个人目标了。请尽可能把你看到的自己在干的事情写得详细一些。

S——表述具体（Specifics）

用"我将会"的句式把你的目标叙述出来。请用肯定的语句表述你的目标，不要用像"不"这类否定的词语。

我将会＿＿＿＿＿＿＿＿＿＿＿＿＿＿＿＿＿＿＿

T——时间规划（Time line）

你打算在什么时候达成这个目标？

_____

I——条件允许（I can do it）

这个目标现实吗？（圈出回答）

是　　　　不是　　　　有可能

如果你回答了"是"，那么进入下一步。如果你回答了"不是"，那么是为什么？你该怎样对目标进行修改，才能让你的回答从"不是""有可能"变成"是"？回顾并调整一下你的目标陈述或者时间规划，直到你有信心能实现这个目标。

C——可以测量（Calculable）

你如何确定自己已经实现了这个目标？

_____

K——认清能力（Know your limits）

理想的情况是这样的：不会太难，也不会太简单，正好适中。对你来说这是不是一个不算很难，但也要通过努力才能实现的目标？（圈出回答）

是　　　　不是　　　　有可能

如果你回答了"是"，那么恭喜你——你有了一个符合"STICK"原则的个人目标。如果你回答了"不是"，那么它为什么不是？你该怎样对目标进行修改，才能让你的回答从"不是""有可能"变成"是"？回顾并调整一下你的目标陈述或者时间规划，直到让这个目标变得既有一点难度，也能够实现。

你还可以这样做

目标可以分为长期目标和短期目标。我们所说的"长期"和"短期"之间并没有绝对的界限，一般来说，短期目标指的是那些能在一年内完成的目标。你在之前的练习中写出的可能是一个长期目标。现在，用相同的步骤写出一个短期目标。这个目标可以比较简单，比如存钱给朋友或者家人买一个价格适中的礼物。

我的短期目标

S——表述具体（Specifics）

你想做的具体是什么？

我将会＿＿＿＿＿＿＿＿＿＿＿＿＿＿＿＿＿＿＿＿＿＿

T——时间规划（Time line）

你打算在什么时候达成这个目标？（要在一年以内）

I——条件允许（I can do it）

这个目标现实吗？（圈出回答）

是　　　　不是　　　　有可能

如果你回答了"是"，那么进入下一步。如果你回答了"不是"，那么是为什么？你该怎样对目标进行修改，才能让你的回答从"不是""有可能"变成"是"？回顾并调整一下你的目标陈述或者时间规划，直到你有信心能实现这个目标。

C——可以测量（Calculable）

你如何确定自己已经实现了这个目标？

K——认清能力（Know your limits）

这对你来说这是不是一个不算很难，但也要通过努力才能实现的目标？（圈出回答）

是　　　　不是　　　　有可能

如果你回答了"是"，那么恭喜你——你有了一个符合"STICK"原则的短期目标。如果你回答了"不是"，那么它为什么不是？你该怎样对目标进行修改，才能让你的回答从"不是""有可能"变成"是"？回顾并调整一下你的目标陈述或者时间规划，直到让这个目标变得既有一点难度，又能够实现。

31 如果一开始失败了

你需要知道的

有时候你的计划会进展顺利，但是有时候你也可能没有达到目标。如果发生这种情况，你就需要重整旗鼓，再次尝试。仅仅是第一次努力没有成功，这不该成为你彻底放弃努力的理由。要知道，你永远都有机会重新开始。

温蒂现在16岁，她用了很长时间锻炼自己的执行力。她练习了规划每日事项，整理物品，也努力提高自己的记忆力。她还开始为自己设定目标。但是，尽管付出了这么多努力，她还是没能完成一些短期目标。比如说，她设定了一个目标，要求自己在一年里，每个星期有六天锻炼身体。但是只过了一个月，她就开始找借口了：一开始，她告诉自己作业太多了，没时间锻炼。后来她就想，反正我的身材也没变得更好，为什么还要浪费时间？

温蒂的爸爸发现，温蒂没有坚持完成她为自己设定的目标，有一天他就和温蒂聊了这件事。爸爸说，温蒂似乎总是为不去锻炼找借口，妨碍了锻炼计划的进行。温蒂和爸爸又一起研究了她的目标，他们发现，每周锻炼六天这个目标对于温蒂来说并不现实，因为她还有别的事要做。于是，温蒂调整了自己的目标，把每周锻炼六天改成了每周锻炼三天。如果真的临时有事，她也允许自己减少一次锻炼。

现在，温蒂已经能坚持每周锻炼两到三天了，并且不影响其他工作的进行。她发现，把目标调整得更现实可行之后，不仅她自己更喜欢锻炼身体，她的身材也变得更好了，生活的其他方面也变得更顺利了。

你需要做的

回顾一下你在本书中做过的所有活动。哪些活动你觉得做得不太成功？

_____

_____

_____

写出你觉得这些活动做得不成功的原因。

_____

_____

_____

如果你再做一次这些活动，写出身边有哪些人能协助你做得更好。你可以参考活动 22 "援助之手"的内容。

_____

_____

_____

写出一个你准备在以上某个或某些人的帮助下再试一次的活动。

_____

_____

_____

写出这一次你打算做出哪些改变。

_____

_____

_____

你还可以这样做

查一下"妨碍"（sabotage）这个词在字典里的含义，在下面写出它的含义。

———————————————————————————

对于本书中的那些你没有按计划完成的活动，你觉得自己可能是怎样妨碍了它们的进行？

———————————————————————————

———————————————————————————

和你信任的成年人讨论一下，你可以改变哪些做法或者进行哪些尝试，来让这些活动按你的计划完成？写下对方给出的建议。

———————————————————————————

———————————————————————————

在你没有顺利完成这本书的某些活动时，你可能有过什么样的自我放弃或自责的表现？写下它们。

———————————————————————————

———————————————————————————

对自己宽容一些、自信一些，这能让你对自己、对自己做的事产生更积极的想法，从而使你更好地完成任务。

　　你将会如何安慰自己并且鼓励自己再次尝试这些活动？

_____

_____

Name   Tel.

Email   Add.

康奈尔行动笔记模板

行动计划 Action Plan

记录内容:

今日计划

行动目的

完成标准

行动记录 Action Notes

记录内容:

行动进度

完成情况

行动总结 Action Summary

记录内容:

今日行动的分析总结

*此模板以康奈尔笔记模板为设计原型

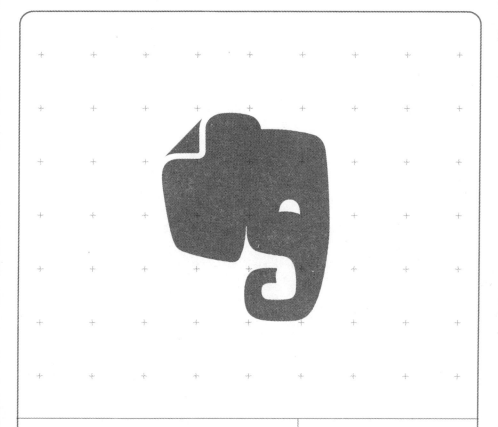

行动笔记本可以数字化

使用印象笔记的摄像头，对准任意一页，
便会自动扫描下来并永久保存，并且能够直接搜索。

使用印象笔记你还可以

· 保存学习所用的 PDF、Office 套件、图片与录音
· 创建待办清单，跟踪学习进度
· 随时随地拿出应用记录、查看或编辑

马上下载印象笔记
印象笔记在各大
应用商店均可搜索下载

行动计划 Action Plan

行动记录 Action Notes

行动总结 Action Summary

行动计划 Action Plan	**行动记录** Action Notes

行动总结 Action Summary

DATE

行动计划 Action Plan

行动记录 Action Notes

行动总结 Action Summary

DATE

行动计划 Action Plan	行动记录 Action Notes

行动总结 Action Summary

DATE

行动计划 Action Plan

行动记录 Action Notes

行动总结 Action Summary

DATE

行动计划 Action Plan

行动记录 Action Notes

行动总结 Action Summary

DATE

行动计划 Action Plan

行动记录 Action Notes

行动总结 Action Summary

行动计划 Action Plan

行动记录 Action Notes

行动总结 Action Summary

DATE

行动计划 Action Plan

行动记录 Action Notes

行动总结 Action Summary

DATE

行动计划 Action Plan

行动记录 Action Notes

行动总结 Action Summary

行动计划 Action Plan

行动记录 Action Notes

行动总结 Action Summary

DATE

行动计划 Action Plan

行动记录 Action Notes

行动总结 Action Summary

DATE

行动计划 Action Plan	**行动记录** Action Notes

行动总结 Action Summary

梦想行动清单

梦想清单	行动步骤

使用步骤：

1. 在左侧栏列出所有的梦想
2. 筛选出5个最想实现的梦想写入右侧栏
3. 将每一个选出的梦想分解成可实现的小目标
4. 踏实完成小目标，梦想就在不远处！

21 天习惯养成计划

第一阶段！抵抗刻意和不自然！	备注
D1.	
D2.	
D3.	
D4.	
D5.	
D6.	
D7.	
第二阶段！抵抗刻意，变得自然！	
D8.	
D9.	
D10.	
D11.	
D12.	
D13.	
D14.	
最后阶段！自然而然！	
D15.	
D16.	
D17.	
D18.	
D19.	
D20.	
D21.	
真的很难？那就再坚持下去！	

URGENT vs IMPORTANT

四象限法则

把事情按照轻重缓急分为四个"象限"，有利于对事情进行更深刻的认识及更有效的管理。

第一象限：重要又紧急
优先解决，如果一直在"瞎忙"这个象限，就证明你非常需要这个模板了！

第二象限：重要不紧急
法则重点，这才是最需要做的事，需要制订计划，按时完成。这是可以让你进入良性循环的做法！

第三象限：不重要但紧急
会让我们产生"这事很重要"的错觉，实际上就算重要也是对别人而言，自以为是在第一象限，其实不过是满足别人的期望与标准。

第四象限：不重要不紧急
浪费时间，对自己完全无意义，尽量交给别人做。

重要又紧急 - 优先解决	重要不紧急 - 制订计划去做
1. 2. 3.	1. 2. 3.
不重要但紧急 - 有空再说 1. 2. 3.	**不重要不紧急 - 给别人做** 1. 2. 3.